黑龙江省精品图书出版工程

"十三五"国家重点出版物出版规划项目

现代土木工程精品系列图书

油田含聚污水光谱特性及其组分光学测量技术

李　栋　卞　辑　张晓雪　齐晗兵　王秋实　著

U0222411

哈尔滨工业大学出版社

内 容 简 介

本书构造了油田含油含聚污水光学常数理论反演模型,研究了含油含聚污水光谱特性与含油含聚量之间的关系,建立了含油含聚量的光学表征方法,同时介绍了温度和 pH 对含油含聚污水光谱特性的影响。本书关于含油含聚污水中聚丙烯酰胺的研究尚处于实验室水样配制阶段,含油量研究已进入油田现场水测定阶段。全书共 7 章,包括多组分液体光学物性参数测量原理、含油含聚污水光谱特性测量实验、含油含聚污水光谱定量分析理论、单谱源含油量测量方法、多光谱信息融合含油量测量方法和光谱测量影响因素分析。全书配有相应的实验数据和数值模拟结果,可供参考。

本书主要针对能源动力、市政工程和环境工程等专业从事水质污染物控制分析与检测的科研工作者,以及相关专业院校及科研院所的研究生。本书可作为液体光学常数反演理论学习的工具书,也可作为基于光学特性表征污水含油含聚量的理论和实验研究的参考书。

图书在版编目(CIP)数据

油田含聚污水光谱特性及其组分光学测量技术/李栋等著. —哈尔滨:哈尔滨工业大学出版社,2022.1
ISBN 978－7－5603－9330－8

Ⅰ.①油…　Ⅱ.①李…　Ⅲ.①油田－聚合物－含油废水处理－研究　Ⅳ.①X703

中国版本图书馆 CIP 数据核字(2021)第 021582 号

策划编辑　苗金英　王桂芝
责任编辑　张　颖
出版发行　哈尔滨工业大学出版社
社　　址　哈尔滨市南岗区复华四道街 10 号　邮编 150006
传　　真　0451－86414749
网　　址　http://hitpress.hit.edu.cn
印　　刷　黑龙江艺德印刷有限责任公司
开　　本　787mm×1092mm　1/16　印张 12.25　字数 288 千字
版　　次　2022 年 1 月第 1 版　2022 年 1 月第 1 次印刷
书　　号　ISBN 978－7－5603－9330－8
定　　价　48.00 元

前　言

石油是我国乃至世界重要的能源和物资,随着石油需求量的不断增加,原油开采面临着重大挑战。我国多数陆地油田已进入高含水阶段,其中大庆油田含水率高达90%。在提升油田采收率的同时,大量含油污水也伴随产生,对人类健康及生存环境构成了极大威胁。目前,我国大部分油田基本进入三次采油阶段,聚合物驱油技术应用广泛。然而,随着聚合物驱油技术应用规模的不断扩大,含聚污水量也不断增加,由于含聚污水中聚丙烯酰胺水解可生成少量具有毒性的丙烯酰胺,给人类和环境造成了一定危害。

近年来,检测聚丙烯酰胺浓度以及含油量的方法中,光学法由于测量速度快、非接触等特点备受关注。而基于油田污水光学特性的含油含聚量在线测量研究相对较少,其主要问题是缺少含油含聚污水的有效光学特性及其与含油含聚量之间的逻辑关系。因此,开展含油含聚污水光谱特性及其浓度光学测量研究,实现含油含聚量的快速检测,对控制油田采出水处理以及污水排放等都具有重要的应用价值。为了便于读者理解,本书附有具体的实验数据,内容充实、新颖、实用。

本书凝聚了寒区新能源利用与污染物控制团队所有成员近十年的心血,部分成果得到了东北石油大学优秀中青年科研创新团队基金(KYCXTD201901)、国家自然科学基金(52078110)、中国石油科技创新基金(2018D－5007－0608)等多项科研项目资助。

参加撰写人员中,东北石油大学李栋、卞辑、张晓雪、齐晗兵、王秋实等均具有多年的污染物检测研究经验,并一直从事相关科研工作,在理论和实验研究方面具有扎实的基础和丰富的经验。本书的撰写分工如下:李栋撰写第1章,齐晗兵撰写第2章,卞辑撰写第3、4章,张晓雪撰写第5、6章,王秋实撰写第7章,全书由李栋审阅和统稿。同时,王迪、吴洋洋、杨瑞桐、胡鑫浩、张雨佳、杨露、李舒婷等人参与具体的实验和文字录入工作。本书在撰写的过程中参考了很多著作和研究成果,在此一并表示衷心的感谢。

由于作者水平有限,书中难免有不足之处,敬请读者和同行批评指正。

作　者

2021 年 12 月

目　　录

第1章 绪 论

1.1 研究背景及意义

石油是人类赖以生存、不可或缺的主要能源,是由烷烃、环烷烃、芳香烃等液态烃和胶质及沥青质组成的多组分复杂混合物。为提升原油的采收率,油田开采力度逐渐增大,产生大量含油污水,同时在石油炼制、石油化工、油品储运等生产和运输过程及油轮事故中产生大量的含油污水,对人类健康及生存环境构成了极大威胁。

随着采油技术的迅速发展和不断更新,三元复合驱驱油(ASP flooding)成为当前提高采收率的主要手段。三元复合驱是由碱、表面活性剂和聚合物共同组成的复合驱油体系,该驱油体系可显著降低油水界面张力,提高原油采收率,已被广泛应用于各油田的驱油工艺中。三元复合驱采油过程中会产生大量的含油含聚污水,含油含聚污水经过处理后通过回注的方式进行回收利用,不仅降低了水处理的成本,而且采出水进行二次利用可节约大量的水资源,避免了水资源的浪费。但若回注水的水质参数不达标会对地层环境造成破坏。《碎屑岩油藏注水水质指标及分析方法》(SY/T 5329—2012)中规定了三元复合驱回注水的指标,见表1.1。

表1.1 三元复合驱回注水的指标

指标	平均空气渗透率				
	$\leqslant 0.01$	$>0.01\sim\leqslant 0.05$	$>0.05\sim\leqslant 0.5$	$>0.5\sim\leqslant 1.5$	>1.5
悬浮物颗粒粒径中值/μm	$\leqslant 1.0$	$\leqslant 1.5$	$\leqslant 3.0$	$\leqslant 4.0$	$\leqslant 5.0$
悬浮固体质量浓度/$(mg \cdot L^{-1})$	$\leqslant 1.0$	$\leqslant 2.0$	$\leqslant 5.0$	$\leqslant 10.0$	$\leqslant 30.0$
含油量/$(mg \cdot L^{-1})$	$\leqslant 5.0$	$\leqslant 6.0$	$\leqslant 15.0$	$\leqslant 30.0$	$\leqslant 50.0$
平均腐蚀率/$(mm \cdot a^{-1})$			$\leqslant 0.076$		
SBR细菌/$(个 \cdot mL^{-1})$	$\leqslant 10$	$\leqslant 10$	$\leqslant 25$	$\leqslant 25$	$\leqslant 25$
铁细菌/$(个 \cdot mL^{-1})$	$n \times 10^2$	$n \times 10^2$	$n \times 10^3$	$n \times 10^4$	$n \times 10^4$
腐生菌/$(个 \cdot mL^{-1})$	$n \times 10^2$	$n \times 10^2$	$n \times 10^3$	$n \times 10^4$	$n \times 10^4$

注:表中$0 \leqslant n < 10$。

聚丙烯酰胺由丙烯酰胺聚合而成,制备过程中转化率不到100%,同时聚丙烯酰胺在特定条件下水解生成少量丙烯酰胺,丙烯酰胺毒性较大,对环境及人的健康存在威胁。另外,回注水中对含油量的要求较为严格,回注水中含油量过高不仅会浪费资源、堵塞地层、腐蚀管道和破坏环境,而且增加了采油过程中维护和运行的费用。近年来,水体及土壤环境被石油污染的事件频发,导致生态环境已受到严重破坏,如图1.1所示。在新疆克拉玛依油田,存在采出水矿化度高且处理难度大的问题,导致部分回注水水质不达标,影响了正常生产,回注水的同时对地层环境也造成了堵塞和破坏。在辽河油田,石油泄漏污染最严重的区域土壤中含油量已超过 10 000 mg/L,残留在土壤中的有机污染物逐渐累积,导致受污染的土壤需较长的时间才能恢复耕种。这些滞留在土壤和水体中的石油类有机污染物不仅对环境造成了严重的破坏,而且影响了人类的可持续发展。

(a) 海洋污染　　　　　　　　　　　　　　　　　　(b) 土壤污染

图 1.1　石油类有机污染

含油污水含油量在油田回注、河流外排及水环境石油类污染检测中尤为重要,而石油采出液中大量聚丙烯酰胺的存在增大了污水检测和处理的难度。污水含油含聚量的测量方法主要有接触式和非接触式两类。接触式测量主要存在的不足:①实验室测量结果滞后,无法实时反馈;②水样需要萃取,萃取剂的选择要求无毒且环保;③测量结果准确度不高。光学类非接触式测量在一定程度上加快了含油污水含油量的测量速度,其主要是通过特征物质吸光度建立标准曲线求其含油量,但多数吸光度测量依然需要对水样进行萃取。含油含聚污水的光学特性是其化学组分分析和浓度光学检测的基础。因此,有必要寻找一种便捷有效、无须重复萃取水样的光学测量方法。

目前,油田含聚污水含油含聚量在线测量已成为国内外科研工作者关注的热点问题,而直接应用光学测量方法测量含聚污水污染物浓度仍鲜有研究。本书以大庆杏北油田某联合站现场含油含聚污水为实验研究对象,搭建含油含聚污水透射光谱测量实验装置,构建含油含聚污水光学物性参数反演模型,建立含油含聚污水光学特性与其含量之间的关系,并通过实验分析温度和 pH 对含油含聚污水光学特性的影响,为含油含聚污水中污染物含量的在线测量提供理论支撑和数据参考。

1.2　国内外研究现状

目前,国内外的研究主要集中在含油含聚污水光谱特性、液体光学物性参数以及含油含聚污水中污染物定量定性分析等方面。

1.2.1　含油含聚污水光谱特性研究

含油含聚污水光谱特性是含油含聚污水光学特性的重要表征,也是含油含聚污水光学物性参数求解的基础,因此准确测量含油含聚污水的透射光谱至关重要。目前国外针对含聚污水光谱特性的研究近似空白,而国内关于含聚污水光谱特性的研究也非常少,主要集中在含聚污水处理中去除聚丙烯酰胺的红外和紫外的分析部分。而真正研究含聚污水光谱特性尤其是含聚污水光学物性参数的文献更是稀少。因此,本节研究现状分析不局限于含聚污水光谱特性,同时综述其他介质的光谱特性,为研究含聚污水光谱特性提供参考依据。

庞士平等测量了汽油、柴油、润滑油在 4 000~10 000 cm^{-1} 范围内的吸光度光谱,发现在 5 800~6 200 cm^{-1} 范围内不同油品光谱明显不同:不同油品的吸收峰位置不同,吸收强度也不同。吴元清等对某污水处理厂一、二级进出水进行了紫外吸光度光谱扫描,通过平滑、导数、标准正态变量等方法对光谱数据进行预处理发现,所测水样在 250~450 nm范围内存在最大吸收。

尚丽平等基于矿物油成分的荧光特性,利用荧光法对含油污水进行了荧光光谱测量,实验发现当激发光与发射光的波长差发生变化时,相同浓度含油污水同步光谱的形状、数目和峰位均发生了改变,而且含油污水的组成成分不同,其同步荧光光谱不同。李杰等人测量了多种油样本的时间分辨荧光光谱特征,实现了原油和燃烧油光谱时序特征的有效区分。黄妙芬等利用荧光法检测了含油污水中石油类物质的荧光基团,分析了含油污水的荧光图谱特征,结果发现其光谱特征明显,可根据荧光光谱对含油污水中的有机物进行鉴别。

液体介质光谱特性不仅与物质本身有关,还与所处环境的干扰因素有关。在含聚污水光谱特性研究中,温度和 pH 是影响液体光谱特性的两大因素。吴国忠等通过实验分析了阴离子种类及其含量对聚丙烯酰胺溶液光谱特性的影响,结果发现阴离子种类对其影响规律不同。齐晗兵等测量了含不同阳离子聚丙烯酰胺溶液在紫外和红外波段范围内的透射光谱,实验发现 Na$^+$、K$^+$、M^{2+} 和 Ga^{2+} 对溶液的光谱特性影响很小,而 Al^{3+} 和 Fe^{3+} 对溶液在紫外可见波段内的透射光谱影响较大。李舒婷利用傅里叶红外透射光谱仪和紫外分光光度计测量了不同浓度实验室级聚丙烯酰胺溶液的透射光谱,并优化了双厚度反演模型,获取了 200~220 nm 和 2 400~2 800 cm^{-1} 波长内含聚污水的光学常数。王莹利用紫外分光光度计测定了聚合物溶液中酰胺基的变化,从而分析酸碱度、溶解时间和矿化度对聚合物溶液黏度的影响。随着酰胺基数量的减少,聚合物溶液的吸光度不断下降。因此,通过紫外透射光谱可以了解聚合物分子链的变化,从而探讨聚合物降黏机理。王顺利等利用荧光光谱法测量了不同环境条件下含油污水的荧光光谱,结果发现含油污水的 pH 和温度发生变化时,荧光峰的位置及强度都会随之改变。

Zelsmann 应用 FTIR 干涉仪获得了温度在 -5.6~81.4 ℃ 范围内水和重水的远红外吸收光谱并利用 KK 关系式迭代计算不同温度下水和重水的光学常数。易黎丽等研究了温度为 5~55 ℃ 和 pH 为 3~12 的含油污水的荧光光谱特性。实验结果表明:温度对含油污水的荧光强度有影响,但没有改变荧光峰的位置;在酸性条件下,荧光峰从 413 nm 移动到 426.5 nm 波长处,且荧光强度随酸性增强而递增;在碱性条件下,随着含油污水碱性的增强,荧光强度不断降低,但荧光峰的位置没有改变,始终保持在 398 nm 波长处。Liu 等分析了温度为 20~80 ℃ 和波长为 300~2 500 nm 的 9 种不同食用油样品的光学性质;不同食用油的折射率随波长的增大而减小,证实了食用油折射率与温度的线性关系;在 500~1 100 nm 光谱范围内食用油的吸收指数随温度的升高而减小,在 300~500 nm 和 1 100~2 500 nm 光谱范围内食用油的吸收指数随温度的升高没有明显的变化。艾青等基于透射法测量窗片-液体-窗片三层结构的总透射比,结合 KK 关系式建立了液态碳氢燃料的辐射特性参数反演模型;对某国产液态碳氢燃料的光学常数进行了反演计算,获得了其 300~400 K 温度范围内近红外波段的光谱吸收指数及折射率,结果显示其吸收指数随温度升高而减小,而折射率随温度变化不明显,且吸收指数在该波段变化剧烈。

上述研究均表明光谱信息和水体有机物含量之间存在关联性,基于光谱法测量得到的光谱信息可用来表征其含量。但三元复合驱采出水中有机物主要包括油、聚合物以及表面活性剂,三种有机物相互作用、相互影响,并且目前有关三元复合驱回注水的研究尚少,注水标准要求严格。所以,本书以三元复合驱回注水为研究对象对其污染物含量检测展开研究。

1.2.2　基于透射法测量液体光学物性参数研究

光学常数是反映液体光学性质的一个重要参数,通常与液体的密度和浓度有关。液体光学常数在材料鉴定、污染物含量分析和混合物浓度测定等方面具有重要作用。在食品、医疗、石油和其他工业部门以及在大学实验中经常需要利用液体光学常数测量液体的浓度,同时液体光学常数也是设计生物传感器和光波导调制器的关键。因此,液体光学常数的精确测量在许多科学研究领域都具有重要的作用。液体光学常数在工业和工程中应用广泛,直接或间接求解液体光学常数的方法有很多,主要有透射法、循环衰减总反射法、椭偏法、反射干涉法、反射和透射结合法及光声法等。其中,透射法是一种较为常用的获取液体透射光谱的实验方法,通过实验测量获得液体的透射率,利用透射率反演计算其光学常数。该方法主要分为单厚度透射法和双厚度透射法。透射法测量原理如图 1.2 所示。

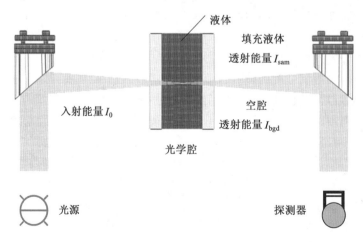

图 1.2　透射法测量原理

1. 单厚度透射法

单厚度透射法(简称单厚度法)是利用单一厚度液体样品的透射率反演其光学常数的方法。根据单厚度法不同的透射比理论反演模型,可将单厚度法分为直接求解吸收系数法、透射比与色散关系式结合法和透射比与 Kramers-Kronig 关系式(简称 KK 关系式)结合法。

(1)直接求解吸收系数法。

直接求解吸收系数法是 20 世纪 70 年代应用较为广泛的一种方法,主要利用液体的透射比和吸收系数的关系进行求解。直接求解吸收系数法的原理简单、计算简便,但其忽略了填充液体前后光学窗口内表面反射率的影响,且用该方法不能同时求解液体的折射率,因此直接求解吸收系数法的应用具有一定的局限性。

(2)透射比与色散关系式结合法。

透射比与色散关系式结合法是利用实验测量液体透射比数据,结合光学色散理论求解液体光学常数的方法。透射比与色散关系式结合法可以同时求解液体的光谱折射率和吸收指数,但是只有借助束缚电子加自由电子的振子模型才能获取具体的色散关系式,这为实验研究带来的极大的不便。另外,由于该方法同样忽略了填充液体前后光学窗口内表面反射率的影响,也造成了其反演模型的局限性。

(3)透射比与 KK 关系式结合法。

透射比与 KK 关系式结合法主要利用实验测量液体样品的透射比数据,结合 KK 关系式进行求解,实验测量光学窗口填充液体前后透射能量,获取液体的相近透射率,通过关系式求解其具体光谱吸收指数 $k(\lambda)$。由基础经典色散理论可知,复折射率方程的实部和虚部存在一定的关系,并且可由 KK 关系式联系起来。然后,根据 $k(\lambda)$ 求解其光谱折射率 $n(\lambda)$,其中需要知道高波数时污水样品的折射率。

20 世纪 70 年代,加拿大科学研究院(National Research Council of Canada)Jones 等提出了透射比与 KK 关系式结合法,并用来求解液体的光学物性参数,至今仍然被广泛应用。之后 Bertie 和 Keefe 进一步改善了该方法。1995 年,Bertie 等运用 KK 关系式求解了液体的绝对红外吸收强度,并对比了液态和气态苯的吸收强度。2000 年,Bertie 等首次获得液态苯-d1 的完整红外透射光谱,并获得波数在 $500 \sim 6\,200$ cm^{-1} 范围内、温度为 25 ℃的苯-d1 的光学常数。2002 年,在 Jones 和 Bertie 团队用 FORTRAN 软件编写透射比结合 KK 关系式求介质光学常数和其他参数的程序的基础上,Keefe 用 C++语言增加了一些新功能,并验证了其准确度。$2003 \sim 2004$ 年,Keefe 测量了 $450 \sim 4\,000$ cm^{-1} 波数范围内甲苯-d8 和乙苯液体的光谱,并首次获得其光学常数。随后 Keefe 等将波数延伸至 100 cm^{-1},在 25 ℃时,获得己烷的光学常数、摩尔吸收系数和摩尔极化谱的虚部。2008 年,为深入了解温度对苯光学性质的影响,实验测得 $30 \sim 50$ ℃下 KBr 光学窗口和液态苯构成的光学腔的透射光谱,利用该透射光谱获得了不同温度液态苯的光学常数。2009 年,Keefe 等在以往研究成果的基础上,获得了 $490 \sim 7\,400$ cm^{-1} 波数下液态环己烷的红外光学常数、介电常数、摩尔极化谱和拉曼光谱等,其中光学腔长度范围是 $3 \sim 5\,000$ μm。随后在 2011 年,Keefe 等又获得 n-戊烷和 n-戊烷-d12 的光谱特性和拉曼光谱并利用每种物质的折射率光谱和吸收指数光谱计算其虚部极化率,然后对分离强度进行拟合。2012 年,Keefe 等对振动强度的实验方法和应用进行了综述,不同测量绝对红外强度和理化性质的实验技术可以从振动强度方面讨论。Keefe 团队对单厚度法做出了很大的贡献,尤其是利用 KK 关系式计算液体光学常数。

由于大部分测量光学常数的方法都对介质的形态或类型有一定的要求,而 KK 关系式法适用于各种不同形态和类型的介质,如 KK 关系式广泛应用于无机物和有机物、固体和液体等介质。这是 KK 关系式的优势。因此,本书将用透射法与 KK 关系式结合法来求解含聚污水的光学常数。

2. 双厚度透射法

双厚度透射法(简称双厚度法)是利用两种不同厚度液体的透射比来反演其光学常数的方法。20 世纪 90 年代,Tuntomo 和 Tien 等提出了一种求解液体样品光学常数的新方法,即双厚度法。该方法利用实验测量两种不同厚度液体的透射光谱,进而构造有关液体吸收指数和折射率的方程,实现求解。由于实验很难获得单纯液体的透射光谱,只能测量窗口—液体—窗口三层光学腔的透射光谱。因此,通过光学腔的透射光谱有两种方法来获得液体的透射光谱,即等效法和有效法。等效法获得液体的透射光谱是充满液体的三层光学腔的透射率与空腔的透射率之间的比值。Tuntomo 和 Tien 利用等效法获得液体的透射光谱。Kameya 和 Hanamura 等建立了有效法来求解液体的透射光谱,有效法获得液体透射率是光学腔长度稍大的三层光学腔的透射率与光学腔长度稍小的三层光学腔的透射率之间的比值。但是,无论是等效法还是有效法获得的液体透射率都与纯液体透射率存在一定的误差。

Otanicar 等用两种不同液体厚度的光学腔的透射率来计算液态燃料的光学常数,但并没有详细给出计算过程。2015 年,Li 等对 Otanicar 的双厚度法进一步改进,利用智能算法对不同厚度三层平板的透射比建立液体光学常数求解模型。李栋等采用双厚度法,通过实验测量玻璃—半透明液体—玻璃三层平板的总透射比来建立半透明液体光学常数反演模型并获取了液态碳氢燃料的光学常数,与现有文献中的液态碳氢燃料的光学常数进行模型验证,结果表明:该模型反演的吸收指数 k 结果可靠,但折射率 n 值的反演精度较低。2016 年,李栋等对求解液体光学常数的三种模型进行了对比和适用范围分析,结果表明利用三层封装液体光学腔透射光谱的双厚度法可以有效计算液体的光学常数。

吴国忠等利用双厚度法获得了 $310\sim600$ nm 波长内载玻片的光学常数,其中吸收指数在 $10^{-8}\sim10^{-6}$ 范围内,折射率在 $1.5\sim3.3$ 范围内。齐晗兵等利用 Bruke V70 FTIR 光谱仪测量了煤油的透射光谱,并利用双厚度法获得了 $2\sim15$ μm 波长内煤油的光学常数。Liu 等通过实验测量了两种不同光学腔长度的氯化钠溶液的透射光谱,波长范围是 $300\sim2\,500$ nm,氯化钠质量浓度范围是 $0\sim360$ g/L,利用双厚度法获得了不同质量浓度氯化钠溶液的光学常数。双厚度法原理如图 1.3 所示。

上述学者改进后的双厚度法求解原理简单,缩小了反演计算的误差,有利于工程应用。但由于其未考虑填充液体前后光学窗口内壁反射及折射的影响,因此给反演计算液体光学常数带来了一定的误差。

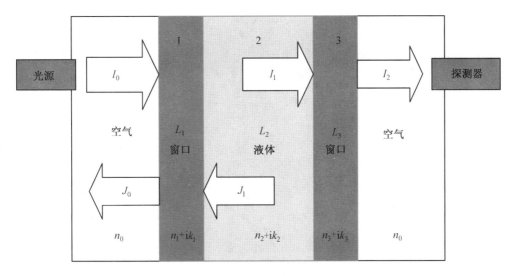

图 1.3 双厚度法原理

I_0、I_1、I_2—光依次经过空气、液体、空气三部分介质后的入射能量;J_0、J_1—反射能量;

L_1、L_2、L_3—窗口、液体、窗口的厚度

1.2.3 化学信息法在多组分混合物分析中的应用

化学计量学是一种类比于生物计量学和经济计量学的关于化学测量基础的理论和方法,其在 20 世纪 80 年代取得了长足发展,各种化学计量学算法不断建立并完善使其成为化学组分定量与定性分析发展的前沿领域。近年来,计算机科学的不断革新为化学计量学注入了新的血液,形成了一门集数学、计算机和统计分析技术于一体的新的化学分支——化学信息学。

光谱分析法是基于分子和原子光谱学建立起来的分析方法,该方法通过光谱测量实现对物质的甄别进而确定其化学组成和相对含量。光谱分析法具有非接触、无污染、实时检测且成本低等优势,已成为定量定性分析领域中应用最广泛、功能最强大的方法之一。现代光谱分析法是一种将光谱法、化学信息法和计算机技术相结合的多学科交叉技术,在食品、环境、医学、化工以及材料等领域有着广泛的应用,尤其在定量以及定性分析方面有着巨大的优势。光谱分析原理如图 1.4 所示。

1. 近红外透射光谱法

1800 年,天文学家 William Herschel 第一次研究发现了近红外光(Near Infrared,NIR),它是介于可见光(VIS)和中红外光(MIR)之间的电磁辐射波。美国材料检测协会定义的近红外透射光谱区域的波长范围是 780~2 500 nm,该区域的波数范围为 12 820~4 000 cm^{-1}。近红外透射光谱区域通常分为两部分:短波近红外透射光谱区域(780~1 100 nm)和长波近红外透射光谱区域(1 100~2 526 nm),主要反映分子结构中含氢基团的合频与倍频振动吸收(如 C—H、S—H、O—H 等),许多有机物在近红外波段范围内存在特征吸收且吸收峰的强度一般与相应物质的分子结构及浓度存在一定的关系,因此可以通过扫描近红外透射光谱获得有机物属性及含量的相应信息。随着计算机技术和化

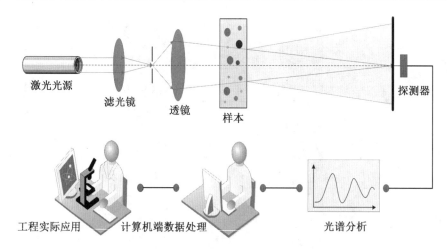

图 1.4　光谱分析原理

学计量学的不断发展,近红外透射光谱法不再依赖单纯的光谱分析法,逐渐形成了化学计量学,即光谱测试技术与计算机技术的集合体。与此同时,对待测样品进行高效快速的定量和定性分析使得现代近红外透射光谱技术的出现和发展成为一种趋势,并且必将在更多领域中得到实际应用。因此,近红外透射光谱法已成为发展最快的分析手段之一,在食品、医疗、石油等领域发挥重要作用,被誉为当代分析的巨人。

　　近红外透射光谱法作为一种间接分析技术,通过建立校正集模型和预测集模型实现对未知样品的定性或定量分析。近红外透射光谱分析法具有实时性、成本低、分析结果重现性好等优势,因此国内外学者利用近红外透射光谱法针对油类混合物定量以及定性分析开展了大量的研究。陆婉珍等结合化学计量学中的定量和定性方法将近红外透射光谱法运用到油品的辛烷值和各种混合烃含量等多项性能检测中,对我国石油化工领域的发展做出了巨大贡献。姜黎等将主成分分析(PCA)法与马氏距离相结合对 3 种不同牌号的汽油进行了分类,利用不同汽油样本的近红外透射光谱建立定性分析模型,实现了对未知种类样本的识别。Kim 基于近红外透射光谱法,联合主成分分析和贝叶斯统计法实现了对石油产品(汽油、柴油等)的实时分类。Yuan 等以茶籽油、豆油和玉米油为研究对象组建二元和三元混合体系,利用化学计量学基于近红外透射光谱建立分析模型,校正集模型的相关系数均超过 0.99。王丽等针对海面溢油以自制汽油、柴油和润滑油为研究对象,基于近红外预处理光谱利用主成分分析对光谱矩阵进行降维处理并提取样本特征信息,进而引入马氏距离建立油品鉴别模型,研究结果表明校正集模型具有很高的鉴别精度(0.4 μL/mL)。上述研究表明:近红外透射光谱法在对不同油品的检测中表现出了较好的效果,能有效并快速地抽取不同油品的物质信息,具有很强的适用性,对多组分油类混合物定量以及定性分析具有重要的指导性意义,尤其在环保领域具有很好的发展前景。

2. 中红外透射光谱法

　　一般将 2 500～25 000 nm 范围内的红外波段定义为中红外区域(MIR),物质在中红外区域的吸收峰为基频、倍频与合频,中红外透射光谱一般指物质在中红外区域的吸收光谱且不同种物质具有差异较大的中红外吸收光谱。相比于近红外透射光谱的倍频与合频吸收,中红外透射光谱则是分子内部振动的基频吸收,其光谱信息更容易提取,在食品、机电、农业以及石油等领域均有应用。蒋璐璐以土壤中的 N、P 和 K 等养分为研究对象,基于 MIR 建立偏最小二乘－支持向量机预测模型,结果表明该模型具有良好的预测效果,P 和 K 具有较高的相关系数。余良武等以水－乙二醇抗燃液压液(HFC)水分含量和黏度为检测目标,联合中红外透射光谱分析法和 BiPLS 分析法建模并对特征波段进行优选,结果表明采用 BiPLS 法构建的非线性模型具有较好的测量精度,且具有快速、无损等特点,明显优于传统方法。

中红外透射光谱法在油品分析中的应用起步较晚,首先开展这方面研究的是美国。美国学者基于中红外透射光谱法设计出了一套快速、精确的油品监控系统,其分析快速、微量化、重复性和再现性好等特点尤为突出。李雁如基于中红外透射光谱对不同甲醇含量的甲醇汽油样本进行测定,结果表明一次进样可以在 3 min 内准确测定甲醇汽油中甲醇的含量。随着社会的发展,科研工作者对中红外透射光谱法的研究越来越深入,将中红外透射光谱信息利用化学计量学方法建立模型,形成了一种快速的检测技术。徐继刚等联合中红外透射光谱全光谱法和偏最小二乘法(PLS)对汽油辛烷值进行预测,结果表明中红外全光谱能有效提取汽油与质量指标的相关信息,预测结果明显优于中红外透射光谱特征峰法。

N. Dupuy 等在中红外波段区域对液态油样进行分析,对光谱进行二阶导数处理,利用第一主成分实现了对橄榄油、花生油与菜籽油的甄别。欧阳玉平等基于中红外透射光谱利用主成分分析和偏最小二乘法建立了醇类汽油定量定性判别模型,该模型的定性判别率高达 100%,定量模型的决定系数和预测集均方根误差分别为 0.945 和 2.187,表现出良好的定性定量分析能力。季明等将中红外透射光谱用于汽油中苯、芳烃、烯烃和甲基叔丁基醚(MTBE)含量的快速分析,实验结果表明中红外透射光谱校正模型具有很高的相关系数以及较小的标准偏差,即定量效果良好。段小娟等在中红外谱段建立定性分析模型并对新润滑油和废润滑油进行了鉴别,模型的相关系数和均方根误差分别为 0.944 45 和 0.165 51,模型的鉴别率高达 98%。

3. 紫外－可见分光光度法

传统的紫外－可见分光光度法利用石油产品中的芳香族化合物和含共轭双键化合物在紫外区的特征吸收来测定石油类污染物,将样品中油类碳氢化合物在紫外－可见光区的吸收光谱特征与标准油类碳氢化合物的吸收光谱特征进行比对定量检测油分浓度。展惠英将紫外－可见分光光度法应用于废水中含油量的测定,并且在 255 nm 波长处建立了含油量表征回归方程。王东海等将紫外吸收光谱法与色质联机技术联合使用,研究结果表明污水和地下水中的油类主要成分具有相似之处。庞艳华等利用最小二乘法对紫外－可见分光光度法测得的数据进行线性回归,并将此方法用于水中含油量的测定。

计算机技术以及化学信息学的巨大变革大大加快了紫外－可见分光光度法的发展。紫外－可见分光光度法为一种快速、准确、可靠的多组分混合物分析方法,根据组分含量与吸收光谱呈线性的关系进行分析。作为目前最有前途的多组分混合物定量定性分析方法之一,紫外－可见分光光度法已与主成分回归法、偏最小二乘法、粒子群优化算法和神经网络法等化学信息学方法相结合,实现了学科交叉与优势互补。

化学信息学与光谱分析方法相联用是多组分混合物定性定量分析的一种新趋势（图1.5），主要有偏最小二乘法、遗传算法、人工神经网络等，其中偏最小二乘法应用最为广泛。

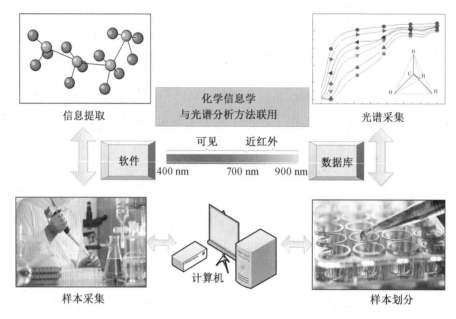

图 1.5　化学信息学与光谱分析方法联用

偏最小二乘法是一种应用广泛的化学信息方法以及统计分析方法，适用于多组分混合物分析且有较高的鲁棒性和准确性。偏最小二乘法是基于因子分析把几个互相依赖的变量模拟成数个互相独立的变量，进而研究因变量与自变量之间的依赖关系，目的是通过自变量的给定值来估计或预测因变量的均值。PLS 模型被广泛应用，适用于变量较多而样本较少的情况，主要是因为 PLS 模型具有很高的鲁棒性和准确性。Cozzolion 等利用可见光和近红外透射光谱技术，采用偏最小二乘法对澳大利亚葡萄酒中的元素含量进行了研究。研究发现，近红外透射光谱与葡萄酒中某些元素的浓度有关，而且较大的数据量可以使校正集更稳定。有学者用高效液相色谱法观察鱿鱼体内甲醛浓度与鱿鱼浸泡水甲醛浓度的关系，建立了基于红外透射光谱的 PLS 定量预测模型。

考虑到样本信息的缺乏，PLS 模型通常是基于全波段建模，具有模型复杂、稳定性差、不相关信息干扰大等缺点。Norgaard 等首先提出区间最小二乘法（iPLS），采用区间最小二乘法对 PLS 方法进行改进，以消除不相关信息的干扰。iPLS 方法将光谱分解成若干等距子区间，并在每个子区间进行 PLS 回归，然后根据指定的模型评价参数选择最优的建模子区间。iPLS 方法可以快速确定最优建模子区间，简化模型，消除不相关信息的干扰。Suhandy 等根据 L－抗坏血酸太赫兹光谱，对全局偏最小二乘法和区间偏最小二乘法的预测能力进行了比较。结果表明，区间偏最小二乘法的预测精度高于全局偏最小二乘法。

与化学信息法相结合的紫外－可见分光光度法具有很高的精确度和准确度，且该方法的样本无须预处理，属于非破坏性分析。该方法操作方便、分析速度快、仪器便宜以及分析成本低等优势更有利于其推广。目前基于化学信息法的紫外－可见分光光度法由于以上优点已广泛应用于微量元素分析、高纯物质测试、环境研究、生物化学及农药化学研究中。李志良等将遗传算法用于紫外透射光谱数据处理，实现了多元分辨与校正，该方法操作简单，无须分离直接测量，其回收率在 95.7%～104.2% 之间。刘慧等提出了一种利用紫外连续光谱数据对食用色素多组分混合物同时定量分析的方法，实验结果表明该方法稳定、准确度高，相对误差在 2.60% 内。杨鹏程等联合紫外透射光谱与偏最小二乘法建立了海水硝酸盐浓度计算模型，在此基础上用区间偏最小二乘法对建模区间进行了优化。研究结果表明，利用区间偏最小二乘－紫外透射光谱法对于组分的定量分析是可行的，iPLS 的使用使模型得到了简化，且提高了预测精度。

1.2.4 多光谱信息融合建模研究

国内外基于光谱法检测水体含油量的研究中应用最广泛的是紫外－可见分光光度法，而近红外透射光谱法以及组合光谱法在水质检测方面的应用相对较少。在定量分析建模算法上常选用偏最小二乘法，基于多光谱信息融合技术结合化学计量学的检测方法研究尚不深入，目前仍是国内外研究的热点。

Martelo-Vidal 等基于多光谱信息融合法及人工神经网络算法测定了水溶液中不同有机物的含量，结果显示多光谱法结合人工神经网络对有机物进行预测的精度更高。Hur 等将荧光光谱与紫外透射光谱联用应用于水质参数的测量，研究结果表明在紫外特征峰和荧光特征峰处，水体有机物含量与光谱信息相关性较高，可用来反映水体有机物含量。Qin 等利用紫外－可见分光光度法结合化学计量学检测了水体中的含油量，结果显示紫外－可见分光光度法结合化学计量学建立含油量模型的相关系数 r 高达 0.945，可准确反映水体中的含油量。曹泓和吴国庆等将多光谱信息融合应用于水体有机物检测中，并发现多光谱融合建模预测精度更高，可用于实际水体中有机物的在线检测。Chen 等基于紫外－可见分光光度法结合化学计量学对废水中有机物含量进行了检测，分别利用数据级和特征级融合方法对光谱数据进行多光谱融合，结果表明特征级融合的建模结果精度更高，抗干扰性更强。

上述研究表明，多光谱信息融合法结合化学计量学原理能准确反映待测样品的组成及含量，可用于物质的定量和定性分析。本书拟将该方法应用于回注水含油量检测中，构建一套基于紫外/红外透射光谱信息融合的回注水含油量检测体系。

1.3 本书的研究内容

本书以含油含聚污水的光学特性作为主要研究对象，对目前国内外研究现状进行分析，通过理论分析、反演计算与实验测量相结合模式，对含油含聚污水的光学常数进行计算，同时分析温度和 pH 对含油含聚污水光谱特性及光学物性参数的影响，然后对含油含聚污水的含油量进行光学反演。具体的研究内容如下：

1. 多组分液体光学物性参数测量原理

（1）透射法结合 KK 关系式反演模型；

（2）双厚度优化理论反演模型；

（3）折射率混合规则。

2. 含油含聚污水光谱特性测量

（1）聚丙烯酰胺溶液的光谱测量；

（2）油田回注水光谱测量。

3. 含油含聚污水光谱定量分析理论

（1）光谱预处理技术；

（2）光谱特征区间选择；

（3）化学计量学定量建模分析方法；

（4）模型性能评价指标。

4. 单谱源含油含聚量测量方法

（1）含油污水标准液透射率和折射率建模；

（2）聚丙烯酰胺溶液透射率和折射率建模。

5. 多光谱信息融合含油量测量方法

（1）油田回注水多光谱信息融合建模；

（2）聚丙烯酰胺溶液多光谱信息融合建模。

6. 光谱测量影响因素分析

（1）温度对聚丙烯酰胺溶液光谱特性影响分析；

（2）温度对油田回注水光谱特性影响分析；

（3）pH 对聚丙烯酰胺溶液光谱特性影响分析；

（4）pH 对油田回注水光谱特性影响分析。

第2章 多组分液体光学物性参数测量原理

本章阐述了多组分液体光谱特性测量原理和装置,建立了2种计算多组分液体光学常数反演模型,即透射法结合KK关系式反演模型和双厚度优化理论反演模型,介绍了4种折射率混合规则。

2.1 多组分液体光谱特性测量基础

2.1.1 测量原理

在探索含油含聚污水污染物浓度的光学检测方法过程中,常规光学检测方法需将被测样品填充在封装窗口－待测液－封装窗口的三层光学腔内进行实验测量,其测量原理为朗伯比尔定律,但需要忽略玻璃反射的影响,待测液浓度与吸光度关系式为

$$A = -\lg \frac{I}{I_0} = \varepsilon b c \tag{2.1}$$

式中　　A —— 含待测液光学腔的吸光度;

$\quad\quad I_0$ —— 入射光强度;

$\quad\quad I$ —— 出射光强度;

$\quad\quad \varepsilon$ —— 待测液摩尔吸光系数;

$\quad\quad b$ —— 待测液光学腔长度;

$\quad\quad c$ —— 待测液浓度。

其中,含待测液光学腔的吸光度 A 与其透光度 T 之间的关系为

$$A = \lg \frac{1}{T} \tag{2.2}$$

由此可推出含待测液光学腔透光度 T 的基础公式为

$$T = \frac{1}{e^{\varepsilon b c}} \tag{2.3}$$

当溶液浓度较小时,溶液浓度与吸光度值的关系符合朗伯比尔定律,然而三层光学腔的实验测量过程中玻璃折射率对实验结果的影响很大,同时浓度的增大、分子间距离的减小及电荷分布的变化使其线性关系发生偏离,所以朗伯比尔定律存在一定的局限性。在对含油含聚污水的光谱特性进行分析时需要去除玻璃折射率的影响,以及不同浓度待测液与玻璃光学腔之间作用的影响,其中获取光学腔光学常数是剥离玻璃折射率影响和修正结果的基础。

2.1.2　测量装置

测量样品紫外透光度所采用的实验仪器为 TU－1901/1900 双光束紫外可见分光光度计,如图 2.1(a) 所示。仪器内部的基本原理如图 2.1(b) 所示。有机物在紫外波段常用的分析光谱区域为 190～360 nm,其检测所依据的特征为离域的 π 电子的跃迁。

测量样品红外透光度所采用的红外实验仪器均为 IRPrestige－21 傅里叶变换红外透射光谱仪,如图 2.2(a) 所示,其原理图如图 2.2(b) 所示。其中,最主要的光学部件为迈克尔逊干涉仪。

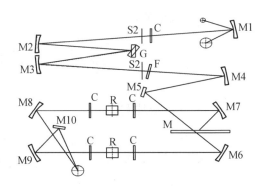

(a) 紫外可见分光光度计　　　　　　　　　(b) 迈克尔逊干涉仪

图 2.1　TU－1901/1900 双光束紫外可见分光光度计及原理图

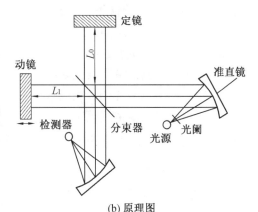

(a) 傅里叶变换红外透射光谱仪　　　　　　　　(b) 原理图

图 2.2　IRPrestige－21 傅里叶变换红外透射光谱仪及原理图

含聚污水中有机物含量较无机物含量多,其中有机物在红外波段常用的分析光谱区域为 2 500～40 000 nm(4 000～250 cm^{-1}),其检测依据的特征为分子的基频振动,包括伸缩、弯曲、扭曲等,吸收带的主要产生原因为含氢的化学基团发生了振动,其中有甲基、次甲基、芳基、羟基、氨基等基团。聚丙烯酰胺是含聚污水重要的组成成分,其分子结构如图 2.3 所示。在工业生产过程中会有聚合和断链的化学反应,使得溶液中存在甲基、亚甲基的 C—H、N—H。含氢基团在 NIR 区域的吸收谱带见表 2.1。

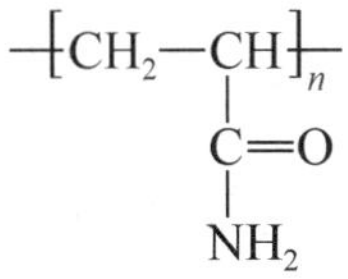

$$\displaystyle -\!\!\left[\!CH_2\!-\!CH\right]\!_n$$

$$\begin{array}{c} | \\ C\!=\!O \\ | \\ NH_2 \end{array}$$

图 2‐3　聚丙烯酰胺分子结构

表 2.1　含氢基团在 NIR 区域的吸收谱带　　　　　　　cm^{-1}

特征频率	甲基 C—H	亚甲基 C—H	N—H	O—H
合频	4 444 ~ 4 237	4 367 ~ 4 082	—	—
一级倍频	5 900 ~ 5 865	5 797 ~ 5 666	6 494	6 897
合频	7 353 ~ 6 969	7 168 ~ 7 067	—	—
二级倍频	8 403	8 264	9 615	10 417
合频	9 852	9 497	—	—
三级倍频	10 953	10 707	12 739	13 699
四级倍频	13 405	13 123	—	—

基频即为分子振动从基态到第一激发态的电子能级跃迁,其中多个基频加和产生合频,由于溶剂中氢键的形成极易在近红外透射光谱区产生氢键效应,对基频产生影响,故此溶剂会对其合频产生更大的影响,而且图谱上的某一谱带极有可能是多个基频的组频吸收所致,所以对辨认某些吸收谱带存在一定难度。

2.2　透射法结合 KK 关系式反演模型

2.2.1　光学窗口光学常数反演模型及验证

1. KK 关系式的推导

介质的光学常数(复折射率)通常可以由吸收指数(衰减系数)k 和折射率 n 来表示,KK 关系式是在已知吸收指数 k 的情况下求折射率 n 的过程。以下是 Zelsmann 的推导过程,通常将介质的复折射率定义为

$$\hat{n}(\tilde{\lambda}) = n(\tilde{\lambda}) + ik(\tilde{\lambda}) \tag{2.4}$$

其中,复折射率的实部是折射指数 n,虚部是吸收指数 k。这些量都取决于波数。一般可以直接测量液体的透射光谱 T 或吸收光谱 A,给定厚度为 l 的样品透射率 T 和吸光度 A 可表示为

$$\begin{cases} T = \dfrac{I_0}{I_t} = \exp(-\alpha l) \\ A = -\alpha l \lg e \end{cases} \tag{2.5}$$

式中　α——样品的吸收系数。

根据式(2.5)可以导出相应的吸收指数 k,即

$$k(\tilde{\lambda}) = \frac{\alpha(\tilde{\lambda})}{4\pi\tilde{\lambda}} = \frac{\ln 10}{4\pi\tilde{\lambda}l}\lg\left(\frac{1}{T}\right) = \frac{2.303}{4\pi\tilde{\lambda}l}A \tag{2.6}$$

式(2.6)显示了吸收指数 k 与实验测量的透射率 T 和吸光度 A 之间的关系。为了更准确地评价吸收指数 $k(\tilde{\lambda})$,需要了解它的相关量 $n(\tilde{\lambda})$。另外,可以利用傅里叶光谱色散转换法测量 $n(\tilde{\lambda})$ 的光谱。实部 $n(\tilde{\lambda})$ 和虚部 $k(\tilde{\lambda})$ 可由 KK 色散关系式表示为

$$n(\tilde{\lambda}') - n_{\infty} = \frac{2}{\pi}\int_0^{\infty}\frac{\tilde{\lambda}k(\tilde{\lambda})}{\tilde{\lambda}^2 - \tilde{\lambda}'^2}\mathrm{d}\tilde{\lambda} \tag{2.7a}$$

$$k(\tilde{\lambda}') = -\frac{2\tilde{\lambda}'}{\pi}\int_0^{\infty}\frac{n(\tilde{\lambda})}{\tilde{\lambda}^2 - \tilde{\lambda}'^2}\mathrm{d}\tilde{\lambda} \tag{2.7b}$$

式(2.7a)和式(2.7b)积分的 Cauchy 主值与 Hibert 变换的主值相等,即

$$n(\tilde{\lambda}') - n_{\infty} = \frac{1}{\pi}\int_{-\infty}^{\infty}\frac{k(\tilde{\lambda})}{\tilde{\lambda} - \tilde{\lambda}'}\mathrm{d}\tilde{\lambda} \tag{2.8a}$$

$$k(\tilde{\lambda}') = -\frac{1}{\pi}\int_{-\infty}^{\infty}\frac{n(\tilde{\lambda})}{\tilde{\lambda} - \tilde{\lambda}'}\mathrm{d}\tilde{\lambda} \tag{2.8b}$$

根据对称性 $n(\tilde{\lambda}) = n(-\tilde{\lambda})$ 和 $k(\tilde{\lambda}) = -k(-\tilde{\lambda})$,即 $k(0) = 0$。对于实际应用进行数值计算,将式(2.8a)和(2.8b)转化为傅里叶积分,即

$$n(\tilde{\lambda}') - n_{\infty} = 2\int_0^{+\infty}X''(\delta)\cos(2\pi\tilde{\lambda}'\delta)\mathrm{d}\delta$$
$$X''(\delta) = 2\int_0^{+\infty}k(\tilde{\lambda}')\sin(2\pi\tilde{\lambda}'\delta)\mathrm{d}\tilde{\lambda}' \tag{2.9a}$$

$$k(\tilde{\lambda}') = 2\int_0^{+\infty}X'(\delta)\sin(2\pi\tilde{\lambda}'\delta)\mathrm{d}\delta$$
$$X'(\delta) = 2\int_0^{+\infty}n(\tilde{\lambda}')\cos(2\pi\tilde{\lambda}'\delta)\mathrm{d}\tilde{\lambda}' \tag{2.9b}$$

通过式(2.9a)的连续傅里叶转换及 $k(\tilde{\lambda})$ 可以计算出 $n(\tilde{\lambda})$,其中 $\hat{X}(\delta) = X'(\delta) + \mathrm{i}X''(\delta)$ 是广义响应函数。

2. 透射法结合 KK 关系式的求解程序

透射法结合 KK 关系式法主要利用实验测量液体的透射率数据,结合 KK 关系式求解液体的光学常数,具体测量和反演计算过程如下:

(1)实验测量光学腔填充液体的透射率,获取填充液体光学腔的总透射率实验值 T。

(2)利用液体光学腔的总透射率 T,通过式(2.6)求解其液体近似光谱吸收指数 $k(\lambda)$。

(3)通过式(2.9a)的连续傅里叶转换及 $k(\lambda)$ 可以计算出 $n(\lambda)$,其中需要知道高波数时液体的折射率。

(4)已知光学窗口材料的光学常数,利用透射率 T 的计算公式获得封装液体光学腔的总透射率计算值,并与实验值进行比较。若精度满足所需要求,则停止计算,否则修正液体的相近吸收指数 $k(\tilde{\lambda})$,返回步骤(2),重新计算。

3. 光学窗口光学常数的求解关系式

本书测量含聚污水红外透射光谱的光学窗口为硒化锌(Zinc Selenide,ZnSe)窗片,测量紫外透射光谱的光学窗口为石英。下面对 ZnSe 材料的光学常数进行求解和验证。

已知光学窗口厚度为 l,吸收系数为 α,界面反射率为 ρ,则其理论透射率 T 应满足以下公式:

$$T = \frac{(1-\rho)^2 \mathrm{e}^{-\alpha l}}{1 - \rho^2 \mathrm{e}^{-2\alpha l}} \tag{2.10}$$

其中

$$\alpha = \frac{4\pi k}{\lambda} \tag{2.11}$$

$$\rho = \frac{(n-1)^2 + k^2}{(n+1)^2 + k^2} \tag{2.12}$$

首先,利用式(2.6)初步计算光学窗口材料的吸收指数 k,利用计算的吸收指数 k 光谱通过 KK 关系式求得光学窗口材料的折射率 n。其次,利用上述公式构建反演模型,通过获得的吸收指数 k 和折射率 n 反演计算出光学窗口材料的透射率 T',并将 T' 与实验测量的光学窗口的透射率 T 进行比较,若误差在精度范围内则输出该光学窗口的光学常数 n 和 k;若误差超出精度范围,则利用反演的透射率 T' 计算出吸收指数 k,进行迭代计算,直至反演透射率 T' 与实验透射率 T 的误差在精度范围内。下面对该模型进行数据验证。

通过 IRTracer-100 傅里叶变换红外透射光谱仪获得厚度为 2 mm 的 ZnSe 窗片的透射光谱,在波数 1 000 ~ 4 000 cm⁻¹ 范围内利用上述步骤求解 ZnSe 的吸收指数 k 和折射率 n,ZnSe 窗片的光学常数如图 2.4 所示。

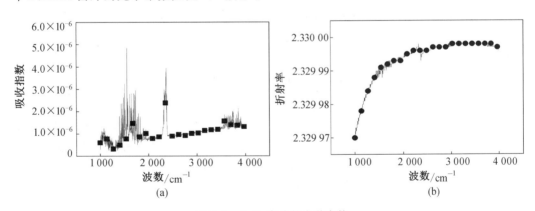

图 2.4　ZnSe 窗片的光学常数

由图 2.4 可知,ZnSe 窗片在波数 1 000 ~ 4 000 cm⁻¹ 范围内,吸收指数 k 在 2.60×10^{-7} ~ 4.84×10^{-6} 之间,折射率 n 在 2.329 97 ~ 2.329 998 之间。由于文献缺乏 ZnSe 材料吸收指数 k 的真实值,因此仅对 ZnSe 材料的折射率 n 进行了误差分析(表 2.2 误差 1),并将其与文献中双厚度法计算的折射率 n 进行比较(表 2.2 误差 2)。ZnSe 材料折射率 n 的相对误差计算公式为

$$\Delta n = \left| \frac{n_{cal} - n_{exp}}{n_{exp}} \right| \times 100\% \qquad (2.13)$$

式中 Δn —— 折射率的相对误差;

          n_{cal} ——ZnSe 材料折射率的实验计算值;

          n_{exp} —— 文献查得的 ZnSe 材料折射率的真实值。

表 2.2　ZnSe 材料折射率的相对误差

波数 /cm^{-1}	折射率 n			相对误差 /%	
	文献(李舒婷)	本书实验结果	文献(Palik)	误差 1	误差 2
4 000	2.14	2.329 996	2.44	12.30	4.51
3 636	2.12	2.329 998	2.44	13.11	4.51
3 333	2.12	2.329 998	2.44	13.11	4.51
2 857	2.10	2.329 997	2.44	13.93	4.51
2 500	2.11	2.329 996	2.43	13.52	4.12
2 222	2.12	2.329 996	2.43	12.76	4.12
2 000	2.11	2.329 994	2.43	13.52	4.12
1 818	2.09	2.329 993	2.43	13.99	4.12
1 667	2.25	2.329 991	2.43	7.41	4.12
1 538	2.30	2.329 990	2.42	4.96	3.72
1 429	2.24	2.329 989	2.42	7.44	3.72
1 333	2.19	2.329 986	2.42	9.50	3.72
1 250	2.13	2.329 983	2.42	11.98	3.72
1 176	2.10	2.329 980	2.41	12.86	3.32
1 111	2.14	2.329 977	2.41	11.20	3.32
1 053	2.20	2.329 974	2.41	8.71	3.32
1 000	2.26	2.329 970	2.41	6.22	3.32

由表 2.2 可知,利用 KK 关系式计算的 ZnSe 材料的折射率与真实值之间的相对误差 (误差 2) 范围是 3.32% ~ 4.51%,利用双厚度法计算的 ZnSe 材料的折射率与真实值之间的相对误差(误差 1)范围是 4.96% ~ 13.99%。由此可见,利用 KK 关系式求解光学窗口的折射率是可靠的,且存在一定的优越性。

2.2.2　液体光学常数反演模型

1. 液体光学常数的求解关系式

利用 IRTracer—100 傅里叶红外透射光谱仪测量了窗口-待测液-窗口三层封装光学腔的透射光谱,其中两侧的光学窗口厚度均为 l,光谱吸收指数为 k_1,光谱折射率为 n_1;待测液厚度为 L,待测液光谱吸收指数为 k_2,待测液光谱折射率为 n_2。光学窗口的法向透射比 T_g 和法向反射比 R_g 分别为

$$T_{\mathrm{g}} = \frac{(1-\rho_{\mathrm{g}})(1-\rho_1)\,\mathrm{e}^{\frac{4\pi k_1 l}{\lambda}}}{1 - \rho_1\rho_{\mathrm{g}}\,\mathrm{e}^{\frac{8\pi k_1 l}{\lambda}}} \tag{2.14}$$

$$R_{\mathrm{g}} = \rho_{\mathrm{g}} + \frac{(1-\rho_{\mathrm{g}})^2\rho_{\mathrm{g}}\,\mathrm{e}^{\frac{8\pi k_1 l}{\lambda}}}{1 - \rho_1\rho_{\mathrm{g}}\,\mathrm{e}^{\frac{8\pi k_1 l}{\lambda}}} \tag{2.15}$$

其中

$$\rho_{\mathrm{g}} = \frac{(n_1-1)^2 + k_1^2}{(n_1+1)^2 + k_1^2} \tag{2.16}$$

待测液的法向透射比 T_1 和法向反射比 R_1 为

$$T_1 = \frac{(1-\rho_1)^2\,\mathrm{e}^{\frac{4\pi k_2 L}{\lambda}}}{1 - \rho_1^2\,\mathrm{e}^{-\frac{8\pi k_2 L}{\lambda}}} \tag{2.17}$$

$$R_1 = \rho_1 + \frac{(1-\rho_1)^2\rho_1\,\mathrm{e}^{-\frac{8\pi k_2 L}{\lambda}}}{1 - \rho_1^2\,\mathrm{e}^{-\frac{8\pi k_2 L}{\lambda}}} \tag{2.18}$$

$$\rho_1 = \frac{(n_2-n_1)^2 + (k_2-k_1)^2}{(n_2+n_1)^2 + (k_2+k_1)^2} \tag{2.19}$$

则窗口－待测液－窗口三层封装光学腔的透射比为

$$T = \frac{T_{\mathrm{g}}^2 T_1}{1 - R_{\mathrm{g}} - R_{\mathrm{g}}R_1 + R_{\mathrm{g}}^2 R_1 + R_{\mathrm{g}}R_1 T_1^2} \tag{2.20}$$

通过上述公式和 KK 关系式构建理论模型,其求解过程如图 2.5 所示。

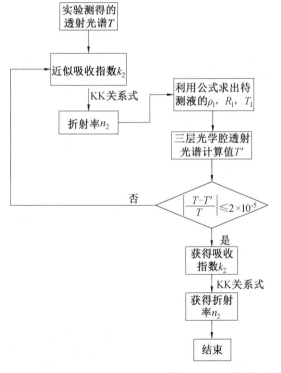

图 2.5　透射法结合 KK 关系式反演液体样品光学参数的求解过程

首先由实验测得的三层封装光学腔的透射率 T 计算出吸收指数 k_2，再通过 KK 关系式求解折射率 n_2；利用式(2.17)～(2.19)计算出待测液反射率 ρ_l、法向反射比 R_l 和法向透射比 T_l；通过已知的光学窗口的吸收指数 k_1 和折射率 n_1，利用式(2.14)～(2.16)计算出光学窗口的反射率 ρ_g、法向反射比 R_g 和法向透射比 T_g；再利用式(2.20)计算出三层封装光学腔的透射率，若该计算值 T' 与实验测量值 T 之间的误差超出精度范围，则用迭代法重新计算 k_2、n_2 并重复上述步骤，直到计算值与测量值的误差在精度范围内满足收敛条件为止。

2. 液体光学常数反演模型的蒸馏水验证

实验采用 IRTracer－100 傅里叶红外透射光谱仪对光学窗口－蒸馏水－光学窗口的三层封装光学腔进行光谱扫描，其中光学窗口材料为 ZnSe，窗片厚度均为 2 mm，液体厚度为 0.025 mm，获得在波数 2 400～2 800 cm^{-1} 范围中蒸馏水的红外透射光谱，如图 2.6 所示。

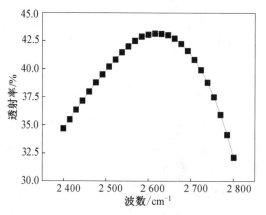

图 2.6　蒸馏水的红外透射光谱

利用获得的蒸馏水红外透射光谱数据对建立的液体光学常数反演模型进行验证。其中，光学窗口 ZnSe 材料的吸收指数和折射率数据采用 2.2.1 节中获得的数据，蒸馏水的光学常数计算结果如图 2.7 所示。

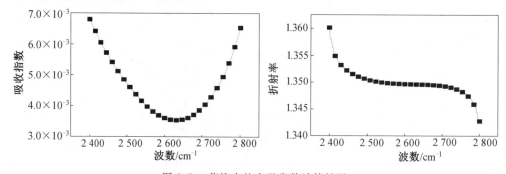

图 2.7　蒸馏水的光学常数计算结果

将蒸馏水的光学常数计算结果与文献中水的光学常数进行对比，参照式(2.13)计算吸收指数 k 和折射率 n 的相对误差，并与文献中采用的双厚度法计算蒸馏水的光学常数进行对比，结果见表 2.3 和表 2.4。

由表 2.3 可知,利用上述模型计算的蒸馏水的吸收指数与真实值之间的相对误差(误差 2)的范围是 $0.6\% \sim 6.8\%$;文献利用双厚度法计算的蒸馏水的吸收指数与真实值之间的相对误差(误差 1)的范围是 $36.2\% \sim 45.9\%$。表 2.4 中,利用上述模型计算的蒸馏水的折射率与真实值之间的相对误差(误差 2)的范围是 $0.2\% \sim 1.3\%$;文献利用双厚度法计算的蒸馏水的折射率与真实值之间的相对误差(误差 1)的范围是 $0.2\% \sim 6.4\%$。由此可见,利用上述模型求解液体的吸收指数和折射率的精度更高。

表 2.3　蒸馏水吸收指数的计算对比结果

波数 /cm^{-1}	吸收指数 k			相对误差 /%	
	文献(李舒婷)	本书实验结果	文献(Palik)	误差 1	误差 2
2 500	6.4×10^{-3}	4.73×10^{-3}	4.7×10^{-3}	36.2	0.6
2 550	5.5×10^{-3}	4.02×10^{-3}	3.9×10^{-3}	41.0	3.1
2 600	4.9×10^{-3}	3.61×10^{-3}	3.5×10^{-3}	40.0	3.1
2 650	4.9×10^{-3}	3.57×10^{-3}	3.4×10^{-3}	44.1	5.0
2 700	5.4×10^{-3}	3.95×10^{-3}	3.7×10^{-3}	45.9	6.8
2 750	6.6×10^{-3}	4.85×10^{-3}	4.6×10^{-3}	43.5	5.4

表 2.4　蒸馏水折射率的计算对比结果

波数 /cm^{-1}	折射率 n			相对误差 /%	
	文献(李舒婷)	本书实验结果	文献(Palik)	误差 1	误差 2
2 500	1.33	1.351	1.336	0.2	1.1
2 550	1.29	1.350	1.341	3.5	0.7
2 600	1.26	1.350	1.346	6.4	0.3
2 650	1.27	1.350	1.352	5.9	0.2
2 700	1.31	1.349	1.359	3.8	0.7
2 750	1.40	1.348	1.366	2.6	1.3

由于透射法结合 KK 关系式求解液体光学常数受限于红外波段。因此,紫外波段下液体光学常数由双厚度法进行求解。

2.3　双厚度优化理论反演模型

2.3.1　双厚度法反演模型

双厚度法反演模型是以不同吸光厚度所对应的透射率为基础,建立光学常数的求解公式。测量背景为空气,吸光厚度分别为比色皿光学腔长度。透射光谱测量用比色皿示意图如图 2.8 所示。

图 2.8　透射光谱测量用比色皿示意图

　　由于光线在光学窗口与待测液体间存在多重反射，以及待测液体内组分变化也会影响其透射光谱测量的精确度。本书通过测量三种不同光学腔长度待测液透射率，计算两种不同光学腔长度待测液透射率之间的比值，并将其定义为当量透射率，标准液透射光谱当量透射率示意图如图 2.9 所示。

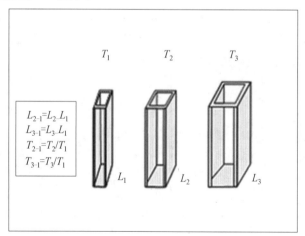

图 2.9　标准液透射光谱当量透射率示意图

　　实验测得了光学腔长度分别为 L_1、L_2、L_3 对应的待测液透射率 T_1、T_2、T_3，则理论上光学腔长度为 L_{2-1}、L_{3-1} 的当量透射率 T_{2-1}、T_{3-1} 为

$$T_{2-1} = \frac{(1-\rho)^2 \mathrm{e}^{-\frac{4\pi k L_{2-1}}{\lambda}}}{1-\rho^2 \mathrm{e}^{-\frac{8\pi k L_{2-1}}{\lambda}}} \tag{2.21}$$

$$T_{3-1} = \frac{(1-\rho)^2 \mathrm{e}^{-\frac{4\pi k L_{3-1}}{\lambda}}}{1-\rho^2 \mathrm{e}^{-\frac{8\pi k L_{3-1}}{\lambda}}} \tag{2.22}$$

经化简求得 T_{2-1}、T_{3-1} 为

$$T_{2-1} = (1-\rho)^2 \mathrm{e}^{-\frac{4\pi k L_{2-1}}{\lambda}} \tag{2.23}$$

$$T_{3-1} = (1-\rho)^2 e^{-\frac{4\pi k L_{3-1}}{\lambda}} \tag{2.24}$$

对于两个不同厚度待测液透射率 T_{2-1}、T_{3-1}，可通过式(2.23)和式(2.24)计算出待测液的界面反射率，即

$$\rho = 1 - \frac{\left[T_{2-1} e^{\frac{4\pi k L_{2-1}}{\lambda}}\right]^{0.5} + \left[T_{3-1} e^{\frac{4\pi k L_{3-1}}{\lambda}}\right]^{0.5}}{2} \tag{2.25}$$

其中，L_{2-1} 小于 L_{3-1}，则根据式(2.23)~(2.25)可计算出待测液的折射率 n 和吸收指数 k 为

$$k = -\frac{\lambda \ln(T_{2-1}/T_{3-1})}{4\pi(L_{2-1} - L_{3-1})} \tag{2.26}$$

$$n = \frac{(1-\rho) + \sqrt{(1+\rho)^2 - (1-\rho)^2(1+k^2)}}{1-\rho} \tag{2.27}$$

则待测液的吸收系数 α 为

$$\alpha = \frac{4\pi k}{\lambda} \tag{2.28}$$

2.3.2　双厚度法模型验证

利用 TU-1900 双光束紫外可见分光光度计测量了 190~900 nm 波长范围内蒸馏水的紫外透射光谱，其光学腔长度分别为 5 mm、10 mm 和 20 mm，测量结果如图 2.10 所示。

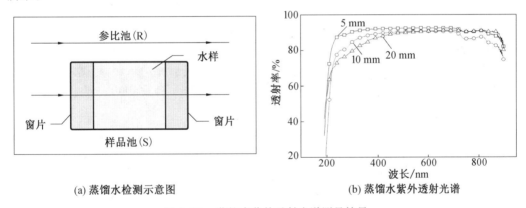

(a) 蒸馏水检测示意图　　　　　　(b) 蒸馏水紫外透射光谱

图 2.10　蒸馏水紫外透射光谱测量结果

由图 2.10 可见，在 190~900 nm 波段范围内，不同光学腔长度所对应的蒸馏水透射光谱变化趋势相同。在 190~400 nm 波段范围内，蒸馏水透射率增加较快，在 400~700 nm 波段范围内，蒸馏水透射率达到最大且逐渐趋于平稳。在吸收末端 700~900 nm 波段范围内，蒸馏水透射率略有下降。

基于 2.3.1 节建立的光学常数求解模型，将蒸馏水紫外透射光谱数据代入可解出蒸馏水的光学常数，将光学常数计算值与参考文献中的给出值进行对比，其计算值和相对误差值如图 2.11 所示。

由图 2.11 可知，在 200~875 nm 波段范围内，蒸馏水折射率 n 的相对误差范围是

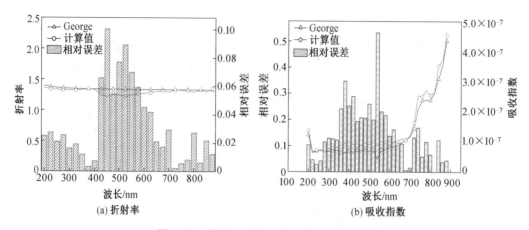

图 2.11　蒸馏水光学常数计算值和误差值

$0.22\% \sim 10.68\%$。在 $200 \sim 880\ \text{nm}$ 波段范围内,蒸馏水吸收系数 k 的相对误差范围是 $1.57\% \sim 53.41\%$。就折射率 n 而言,在 $200 \sim 425\ \text{nm}$ 和 $475 \sim 875\ \text{nm}$ 波段范围内,双厚度反演模型计算得出折射率 n 的相对误差小于 10%,说明双厚度反演模型可用于液体光学常数的求解。

2.4　折射率混合规则

折射率是反映待测溶液光学特性的重要参数,以折射率为基础建立的混合规则模型可以用来预测混合溶液的混合比例信息。当液体混合物由多种溶液共同组成时,其分子也会形成新的序列。因此,折射率混合规则常被用来预测多组分溶液混合后的分子序列。本书拟将折射率混合规则应用于标准液折射率和回注水折射率的求解,根据求解的折射率数据进行后续含油量定量分析模型的建立。本节介绍 4 种应用广泛的折射率混合规则。

（1）Newton 关系式（N）。
$$(n_m^2 - 1) = (n_1^2 - 1) \cdot \phi_1 + (n_2^2 - 1) \cdot \phi_2 + (n_3^2 - 1) \cdot \phi_3 \tag{2.29}$$
（2）Arago—Biot 关系式（A—B）。
$$n_m = n_1 \cdot \phi_1 + n_2 \cdot \phi_2 + n_3 \cdot \phi_3 \tag{2.30}$$
（3）Gladstone—Dale 关系式（G—D）。
$$(n_m - 1) = (n_1 - 1) \cdot \phi_1 + (n_2 - 1) \cdot \phi_2 + (n_3 - 1) \cdot \phi_3 \tag{2.31}$$
（4）Lorentz—Lorentz 关系式（L—L）。
$$\frac{(n_m^2 - 1)}{(n_m^2 - 2)} = \phi_1 \cdot \frac{(n_1^2 - 1)}{(n_1^2 + 2)} + \phi_2 \cdot \frac{(n_2^2 - 1)}{(n_2^2 + 2)} + \phi_3 \cdot \frac{(n_3^2 - 1)}{(n_3^2 + 2)} \tag{2.32}$$

式中　n_m——多组分液体混合物折射率;

　　　n_1, n_2, n_3——各组分折射率;

　　　ϕ_1, ϕ_2, ϕ_3——各组分体积分数。

2.5　本章小结

　　本章基于透射法结合 KK 关系式和双厚度优化法分别构造了光学窗口和液体的光学常数求解模型,通过获得光学窗口－待测液－光学窗口三层封装光学腔的透射光谱,利用上述 2 种模型分别求解出光学窗口和待测液的光学常数,并利用已知的蒸馏水光学常数对该模型进行了数据验证。

　　由于透射法结合 KK 关系式反演模型局限于红外波段。因此,本书红外波段下油田含聚污水的光学常数由透射法结合 KK 关系式反演模型求解;紫外波段下油田含聚污水的光学常数由双厚度优化理论反演模型求解。

第3章 含油含聚污水光谱特性测量实验

为获得不同浓度含油含聚污水的光谱特性,本章重点研究了不同浓度聚丙烯酰胺溶液的光谱特性,为后续含油量定量测量的准确性提供数据支持。另外,通过实验分别测量了红外波段和紫外波段不同浓度聚丙烯酰胺溶液和油田含油含聚污水的透射光谱,并利用第2章中构建的两种模型分别获得了红外波段和紫外波段下聚丙烯酰胺溶液和油田含油含聚污水的光学常数。

3.1 聚丙烯酰胺溶液的光谱测量

3.1.1 实验仪器和药品

实验仪器:IRTracer－100傅里叶变换红外透射光谱仪;TU－1901/1900双光束紫外可见分光光度计;HJ－5型多功能搅拌器;电子天平(精度为0.000 1 g);0.025 mm、0.05 mm和0.1 mm厚垫片;ZnSe窗片(厚度为2 mm);1 mm、3 mm和10 mm光学腔长度石英比色皿。

实验药品:蒸馏水(实验室自制);工业级聚丙烯酰胺A,基本指标见表3.1。

表3.1 工业级聚丙烯酰胺A基本指标

名称	固含量/%	分子量/×10⁶	水解度	不溶物含量/%	过滤比	黏度/(mPa·s)	细粉含量/%	大粒含量/%
聚丙烯酰胺A	89.46	20.6	25.39	0.03	1.2	59.8	1.47	0.18

注:固含量、不溶物含量、细粉含量、大粒含量均指质量分数。

3.1.2 实验方法

配制质量浓度为1 000 mg/L的聚丙烯酰胺母液,熟化24 h后分别取母液稀释成质量浓度为10 mg/L、20 mg/L、30 mg/L、40 mg/L、50 mg/L、60 mg/L、70 mg/L、80 mg/L、90 mg/L、100 mg/L、200 mg/L、300 mg/L、400 mg/L、500 mg/L、600 mg/L、700 mg/L、800 mg/L、900 mg/L、1 000 mg/L的聚丙烯酰胺溶液。

红外部分实验方法:将不同浓度聚丙烯酰胺溶液依次填充在0.025 mm、0.05 mm、0.1 mm三种不同液体厚度的ZnSe光学腔内,利用IRTracer－100傅里叶变换红外透射光谱仪在400～4 000 cm⁻¹波数下测量其透射率,分别测量3次后取平均值。

紫外部分实验方法:将不同质量浓度聚丙烯酰胺溶液分别置于1 mm、3 mm、10 mm

三种不同光学腔长度的石英比色皿中,利用 TU－1901/1900 双光束紫外可见分光光度计在波长 190～900 nm 范围内进行透射光谱测量,分别测量 3 次后取平均值。

实验温度:20 ℃左右。

气压:98.7 kPa 左右。

3.1.3　光谱测量结果分析

1. 红外透射光谱

利用 IRTracer－100 傅里叶变换红外透射光谱仪分别测量质量浓度为 10 mg/L、20 mg/L、30 mg/L、40 mg/L、50 mg/L、60 mg/L、70 mg/L、80 mg/L、90 mg/L、100 mg/L、200 mg/L、300 mg/L、400 mg/L、500 mg/L、600 mg/L、700 mg/L、800 mg/L、900 mg/L、1 000 mg/L 的聚丙烯酰胺溶液红外透射光谱。图 3.1～3.3 所示为液体厚度为 0.1 mm、0.05 mm 和 0.025 mm 不同质量浓度聚丙烯酰胺溶液的红外透射光谱。图 3.4 所示为质量浓度为 20 mg/L 和 1 000 mg/L 不同液体厚度的聚丙烯酰胺溶液的红外透射光谱。

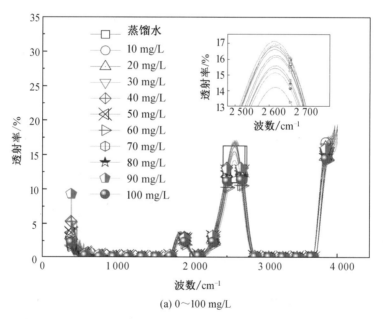

(a) 0～100 mg/L

图 3.1　液体厚度为 0.1 mm 的不同质量浓度聚丙烯酰胺溶液的红外透射光谱(彩图见附录)

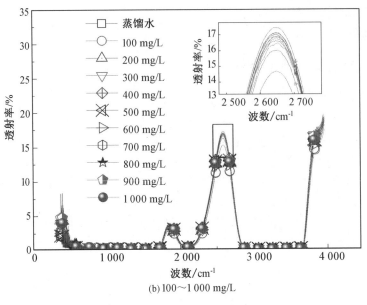

(b) 100～1 000 mg/L

续图 3.1

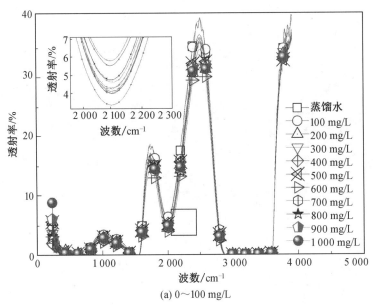

(a) 0～100 mg/L

图 3.2　液体厚度为 0.05 mm 的不同质量浓度聚丙烯酰胺溶液的红外透射光谱(彩图见附录)

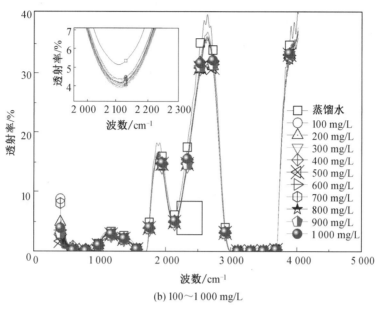

(b) 100～1 000 mg/L

续图 3.2

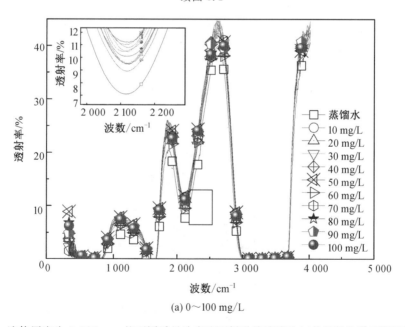

(a) 0～100 mg/L

图 3.3　液体厚度为 0.025 mm 的不同质量浓度聚丙烯酰胺溶液的红外透射光谱(彩图见附录)

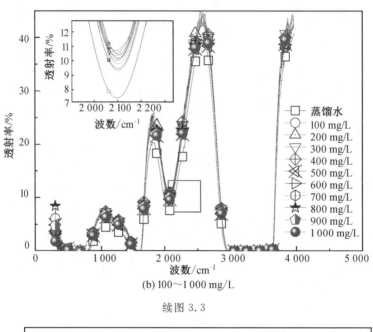

(b) 100～1 000 mg/L

续图 3.3

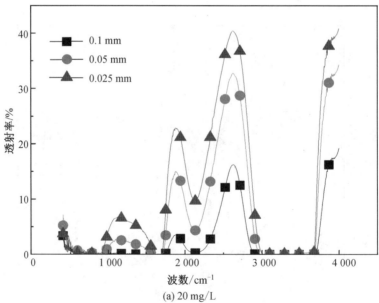

(a) 20 mg/L

图 3.4　质量浓度为 20 mg/L 和 1 000 mg/L 不同液体厚度的聚丙烯酰胺溶液的红外透射光谱

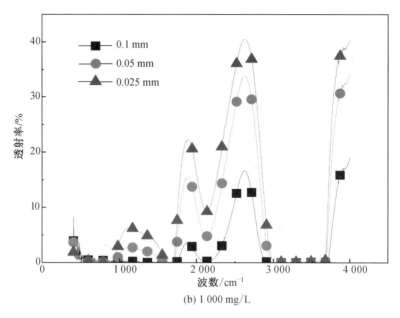

(b) 1 000 mg/L

续图 3.4

由图 3.1、图 3.2 可知：在红外波段 400～4 000 cm^{-1} 下，不同质量浓度聚丙烯酰胺溶液的透射光谱与蒸馏水的透射光谱形状十分相似，其中含有两个强吸收带，分别为 500～920 cm^{-1} 和 2 980～3 680 cm^{-1}。在 1 882 cm^{-1} 和 2 627 cm^{-1} 处存在两个明显波峰，其透射率大于附近其他波数的透射率。在 2 127 cm^{-1} 处存在明显波谷，其透射率小于附近其他波数的透射率。存在这些峰值的原因分析如下：聚丙烯酰胺中游离的—NH$_2$ 特征吸收峰为 3 415 cm^{-1}，缔合—NH$_2$ 的特征吸收峰为 3 415 cm^{-1}，亚甲基反对称伸缩振动吸收峰为 2 922 cm^{-1}，亚甲基对称伸缩振动吸收峰为 2 852 cm^{-1}，羧基（C ═O 伸缩振动）吸收峰为 1 667 cm^{-1}，N—H 弯曲振动吸收峰为 1 617 cm^{-1}，亚甲基变形吸收峰为 1 454 cm^{-1}。水的红外透射光谱中存在的基频吸收峰有 3 420 cm^{-1}（OH^{-} 伸缩振动）、1 640 cm^{-1}（H$_2$O 变角振动）、550 cm^{-1}（H$_2$O 摆动振动），由变角振动和摆动振动两个基频相加又有一个合频吸收峰为 2 070 cm^{-1}。所以 2 127 cm^{-1} 处的波谷极有可能是合频峰，500～920 cm^{-1}、2 980～3 680 cm^{-1} 和 1 590～1 700 cm^{-1} 三个区间为水的基频吸收峰。

由图 3.3 可知，液体厚度为 0.025 mm 时，质量浓度为 100～1 000 mg/L 的聚丙烯酰胺溶液的透射率均大于填充蒸馏水时的透射率，说明聚丙烯酰胺导致其透射率大于蒸馏水的透射率。聚丙烯酰胺溶液的透射率并没有随质量浓度变化而呈现有规律的变化趋势。

由图 3.4 可知，液体厚度为 0.025 mm 的聚丙烯酰胺溶液的透射率均明显大于液体厚度为 0.1 mm 和 0.05 mm 聚丙烯酰胺溶液的透射率。而质量浓度为 20 mg/L 和 1 000 mg/L 的规律一样，说明液体厚度对聚丙烯酰胺溶液透射率的影响大于质量浓度的影响，液体厚度越小，聚丙烯酰胺溶液的透射率越大。

2. 紫外透射光谱

利用 TU－1901/1900 双光束紫外可见分光光度计分别测量含聚污水质量浓度为

10 mg/L、20 mg/L、30 mg/L、40 mg/L、50 mg/L、60 mg/L、70 mg/L、80 mg/L、90 mg/L、100 mg/L、200 mg/L、300 mg/L、400 mg/L、600 mg/L、700 mg/L、800 mg/L、900 mg/L、1 000 mg/L 的紫外透射光谱。图 3.5～3.7 所示为光学腔长度为 1 mm、3 mm 和 10 mm 时不同质量浓度聚丙烯酰胺溶液的紫外透射光谱。图 3.8 所示为质量浓度为 50 mg/L 和 1 000 mg/L 时不同光学腔长度的聚丙烯酰胺溶液的紫外透射光谱。

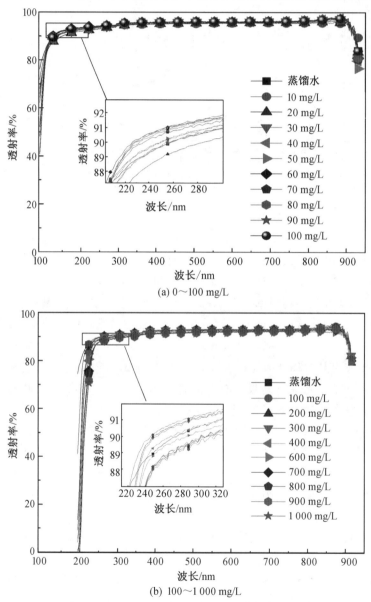

(a) 0～100 mg/L

(b) 100～1 000 mg/L

图 3.5　1 mm 时不同质量浓度聚丙烯酰胺溶液的紫外透射光谱(彩图见附录)

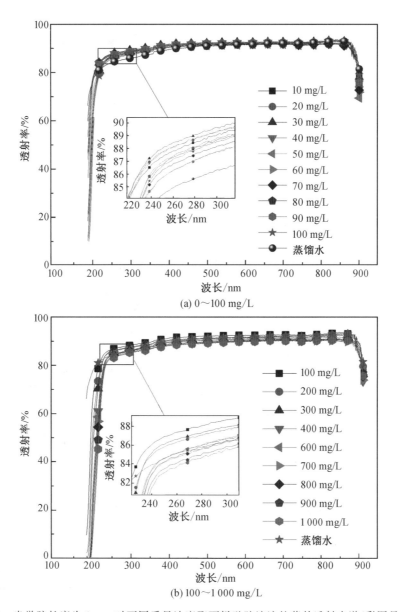

(a) 0～100 mg/L

(b) 100～1 000 mg/L

图 3.6　光学腔长度为 3 mm时不同质量浓度聚丙烯酰胺溶液的紫外透射光谱(彩图见附录)

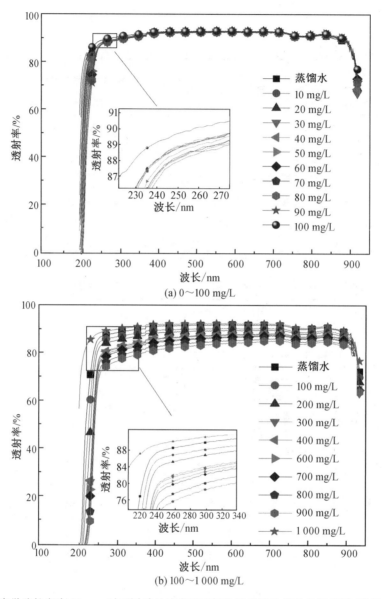

(a) 0～100 mg/L

(b) 100～1 000 mg/L

图 3.7　光学腔长度为 10 mm 时不同质量浓度聚丙烯酰胺溶液的紫外透射光谱(彩图见附录)

　　由图 3.5～3.7 可知,聚丙烯酰胺溶液的紫外透射光谱在 190～900 nm 范围内透射率呈先增长(190～240 nm)再稳定(240～860 nm)后下降(860～900 nm)的趋势,在波长为 200～240 nm时,聚丙烯酰胺溶液的透射率随波长的增长而急剧上升,透射率值相对较低,通过放大 200～300 nm 波段的聚丙烯酰胺溶液透射光谱,可以清晰地看到聚丙烯酰胺溶液透射率与其溶液浓度存在一定关系,即呈现聚丙烯酰胺溶液质量浓度增大而其透射率减小的递减规律。在波长范围为 240～860 nm 存在部分聚丙烯酰胺溶液的透射率大于蒸馏水的透射率的现象,说明发生了增透现象,该波长范围属于高透波段。在高透波段内,聚丙烯酰胺溶液具有较强的透光性能且波长变化对透射率影响较小。在波长860 nm后聚丙烯酰胺溶液透射率急剧下降。

由图 3.8 可知,聚丙烯酰胺溶液在光学腔长度为 1 mm 时的透射率均明显大于 3 mm 和 10 mm 的透射率。当聚丙烯酰胺溶液质量浓度为 50 mg/L 时,在波长为 222～724 nm 范围时,光学腔长度为 10 mm 的聚丙烯酰胺溶液透射率大于光学腔长度为 3 mm 的透射率。当聚丙烯酰胺溶液质量浓度为 1 000 mg/L 时,在全波段下,聚丙烯酰胺溶液的透射率随光学腔的长度增加而减小。说明当光学腔长度为 10 mm 且聚丙烯酰胺溶液质量浓度较小时,容易产生增透现象。

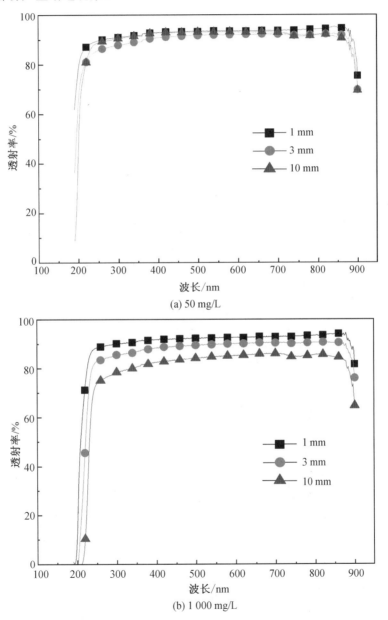

(a) 50 mg/L

(b) 1 000 mg/L

图 3.8 质量浓度为 50 mg/L 和 1 000 mg/L 聚丙烯酰胺溶液不同光学腔长度的紫外透射光谱

3.1.4 实验不确定度分析

由于影响聚丙烯酰胺溶液光学常数反演精度的主要因素为其透射光谱的重复性测量误差。因此,相同条件下重复 3 次测量聚丙烯酰胺溶液的透射光谱,同一波长下测量的透射光谱值为 $X_i = (i = 1, 2, \cdots, n)$,对聚丙烯酰胺溶液的透射光谱进行不确定度分析,分析结果为

$$\sigma_1 = \sqrt{\frac{\sum_{i=1}^{n}(X_i - \overline{X})^2}{n-1}} \tag{3.1}$$

其中,$\overline{X}$ 为样本的算术平均值,即

$$\overline{X} = \frac{1}{n}\sum_{i=1}^{n} X_i \tag{3.2}$$

则重复性测量的不确定度为

$$u_{s1} = \frac{\sigma_1}{\sqrt{n}} \tag{3.3}$$

其结果的相对不确定度为

$$u_{1,s} = \frac{u_{s1}}{\overline{X}} \tag{3.4}$$

聚丙烯酰胺溶液透射光谱重复测量的不确定度如图 3.9 所示。由图 3.9(a),可知聚丙烯酰胺溶液红外透射光谱的不确定度在 0~0.6% 之间。由图 3.9(b)可知,1 mm、3 mm 和 10 mm 光程下聚丙烯酰胺溶液重复性测量引入的不确定度分别在 0.2%~1.1%、0.1%~1.1% 和 0~1.1%。随着光学腔长度的增大,聚丙烯酰胺溶液透射光谱的不确定度越小,计算光学常数时误差越小。

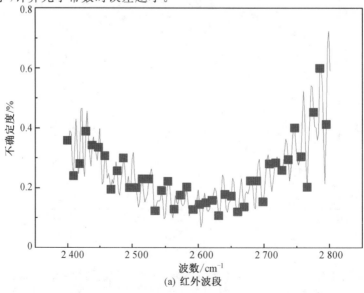

图 3.9 聚丙烯酰胺溶液透射光谱重复测量的不确定度

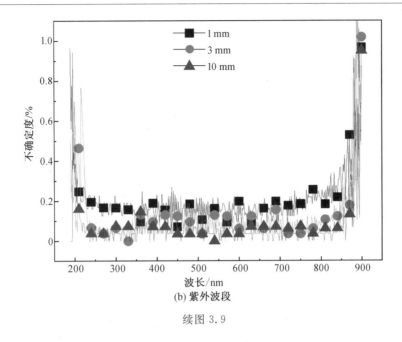

(b) 紫外波段

续图 3.9

3.1.5　聚丙烯酰胺溶液光学常数的反演

1. 红外透射光谱

利用 3.1.3 节中获得的液体厚度为 0.025 mm 的聚丙烯酰胺溶液的透射率,基于 2.2.2 节中的透射法结合 KK 关系式反演模型分别计算质量浓度为 20 mg/L、80 mg/L、100 mg/L、400 mg/L、800 mg/L 的聚丙烯酰胺溶液在红外 2 400~2 800 cm^{-1} 波段处的吸收指数 k 和折射率 n,由计算结果得到的光学常数如图 3.10、图 3.11 所示,具体取值见表 3.2 和表 3.3。

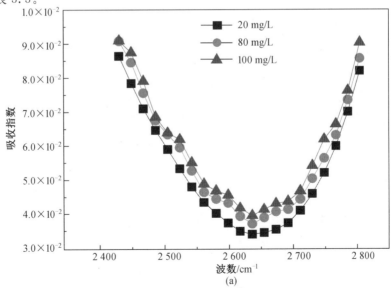

(a)

图 3.10　低质量浓度聚丙烯酰胺溶液红外波段光学常数

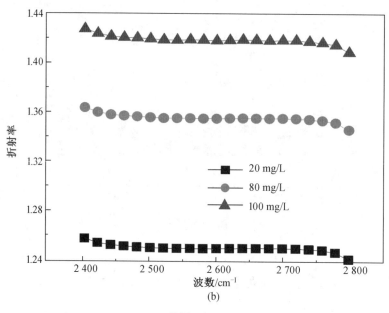

(b)

续图 3.10

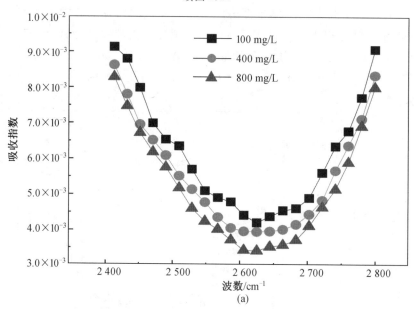

(a)

图 3.11 高质量浓度聚丙烯酰胺溶液红外波段光学常数

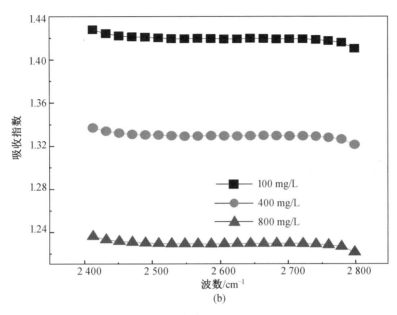

(b)

续图 3.11

表 3.2 低质量浓度聚丙烯酰胺溶液红外波段光学常数

波数/cm⁻¹	20 mg/L		80 mg/L		100 mg/L	
	k	n	k	n	k	n
2 413	0.008 70	1.266 78	0.009 12	1.367 40	0.009 13	1.427 78
2 432	0.007 93	1.263 55	0.008 52	1.363 89	0.008 80	1.424 28
2 452	0.007 22	1.261 98	0.007 66	1.362 08	0.007 99	1.422 20
2 471	0.006 61	1.261 03	0.006 89	1.361 21	0.006 99	1.421 27
2 490	0.006 07	1.260 32	0.006 49	1.360 64	0.006 54	1.420 93
2 509	0.005 53	1.259 81	0.006 12	1.359 97	0.006 35	1.420 33
2 529	0.005 02	1.259 51	0.005 47	1.359 47	0.005 70	1.419 53
2 548	0.004 58	1.259 38	0.004 87	1.359 40	0.005 10	1.419 40
2 567	0.004 27	1.259 32	0.004 68	1.359 48	0.004 91	1.419 73
2 587	0.004 00	1.259 27	0.004 56	1.359 29	0.004 79	1.419 57
2 606	0.003 77	1.259 33	0.004 19	1.359 19	0.004 42	1.419 13
2 625	0.003 68	1.259 46	0.003 98	1.359 41	0.004 21	1.419 32
2 644	0.003 73	1.259 54	0.004 15	1.359 57	0.004 38	1.419 76
2 664	0.003 82	1.259 57	0.004 32	1.359 44	0.004 55	1.419 55
2 683	0.004 00	1.259 60	0.004 38	1.359 38	0.004 61	1.419 17
2 702	0.004 35	1.259 57	0.004 67	1.359 42	0.004 90	1.419 31
2 722	0.004 83	1.259 38	0.005 25	1.359 23	0.005 61	1.419 30

续表 3.2

波数/cm^{-1}	20 mg/L		80 mg/L		100 mg/L	
	k	n	k	n	k	n
2 741	0.005 41	1.258 95	0.005 82	1.358 65	0.006 35	1.418 48
2 760	0.006 16	1.258 17	0.006 47	1.357 84	0.006 78	1.417 51
2 779	0.007 13	1.256 55	0.007 46	1.356 23	0.007 72	1.416 00
2 799	0.008 28	1.251 31	0.008 63	1.350 77	0.009 07	1.410 31

表 3.3　高质量浓度聚丙烯酰胺溶液红外波段光学常数

波数/cm^{-1}	400 mg/L		800 mg/L	
	k	n	k	n
2 413	0.008 63	1.336 93	0.008 29	1.236 36
2 432	0.007 81	1.333 99	0.007 47	1.233 23
2 452	0.006 95	1.332 16	0.006 72	1.231 80
2 471	0.006 52	1.330 87	0.006 18	1.231 00
2 490	0.006 09	1.330 38	0.005 75	1.230 30
2 509	0.005 51	1.330 22	0.005 17	1.229 73
2 529	0.005 14	1.329 69	0.004 60	1.229 51
2 548	0.004 78	1.329 18	0.004 24	1.229 47
2 567	0.004 36	1.329 33	0.004 02	1.229 39
2 587	0.004 06	1.329 60	0.003 72	1.229 28
2 606	0.003 97	1.329 41	0.003 43	1.229 41
2 625	0.003 95	1.329 23	0.003 42	1.229 61
2 644	0.003 97	1.329 54	0.003 53	1.229 66
2 664	0.004 02	1.329 78	0.003 58	1.229 62
2 683	0.004 16	1.329 51	0.003 72	1.229 72
2 702	0.004 44	1.329 31	0.004 12	1.229 74
2 722	0.004 84	1.329 38	0.004 63	1.229 50
2 741	0.005 67	1.328 97	0.005 14	1.229 07
2 760	0.006 37	1.327 92	0.005 90	1.228 39
2 779	0.007 12	1.326 34	0.006 91	1.226 79
2 799	0.008 34	1.321 20	0.008 00	1.221 68

　　由图 3.10 和表 3.2 可知,在红外波段 2 400~2 800 cm^{-1}下低质量浓度聚丙烯酰胺溶液的吸收指数 k 随波数增加先减小后增大,质量浓度为 20 mg/L、80 mg/L、100 mg/L 的聚丙烯酰胺溶液吸收指数 k 均在波数 2 625 cm^{-1}处为最小值,且随着质量浓度的增大而增大。在红外波段 2 400~2 800 cm^{-1}内,质量浓度为 20 mg/L 的聚丙烯酰胺溶液的吸

收指数 k 在 $3.68 \times 10^{-3} \sim 8.7 \times 10^{-3}$ 之间；质量浓度为 80 mg/L 的聚丙烯酰胺溶液的吸收指数 k 在 $3.98 \times 10^{-3} \sim 9.12 \times 10^{-3}$ 之间；质量浓度为 100 mg/L 的聚丙烯酰胺溶液的吸收指数 k 在 $4.21 \times 10^{-3} \sim 9.13 \times 10^{-3}$ 之间。而聚丙烯酰胺溶液的折射率 n 值则趋于恒定，质量浓度为 20 mg/L 的聚丙烯酰胺溶液折射率 n 在 1.251 31~1.266 78 之间，基本稳定在 1.26；质量浓度为 80 mg/L 的聚丙烯酰胺溶液折射率 n 在 1.350 07~1.367 40 之间，基本稳定在 1.36；质量浓度为 100 mg/L 的聚丙烯酰胺溶液折射率 n 在 1.410 31~1.427 78 之间，基本稳定在 1.42。聚丙烯酰胺溶液的折射率 n 随质量浓度的增大而增大。

由图 3.11 和表 3.3 可知，在红外波段 2 400~2 800 cm^{-1} 下高质量浓度聚丙烯酰胺溶液的吸收指数 k 随波数增加先减小后增大，质量浓度为 100 mg/L、400 mg/L、800 mg/L 的聚丙烯酰胺溶液吸收指数 k 在波数 2 625 cm^{-1} 处为最小值，且随着质量浓度的增大而减小。在红外波段 2 400~2 800 cm^{-1} 内，质量浓度为 400 mg/L 的聚丙烯酰胺溶液的吸收指数 k 在 $3.95 \times 10^{-3} \sim 8.63 \times 10^{-3}$ 之间；质量浓度为 800 mg/L 的聚丙烯酰胺溶液的吸收指数 k 在 $3.42 \times 10^{-3} \sim 8.29 \times 10^{-3}$ 之间。而聚丙烯酰胺溶液的折射率 n 值则趋于恒定，质量浓度为 400 mg/L 的聚丙烯酰胺溶液折射率 n 在 1.321 20~1.336 93 之间，基本稳定在 1.33；质量浓度为 800 mg/L 的聚丙烯酰胺溶液折射率 n 在 1.221 68~1.236 36 之间，基本稳定在 1.23。聚丙烯酰胺溶液的折射率 n 随质量浓度的增大而减小。

2. 紫外透射光谱

利用 3.1.3 节获得的光学腔长度为 1 mm、3 mm 和 10 mm 的聚丙烯酰胺溶液的透射率，基于 2.3.1 节的双厚度优化理论反演模型计算质量浓度为 20 mg/L、40 mg/L、80 mg/L 和 100 mg/L 的聚丙烯酰胺溶液在紫外波段 200~300 nm 处透射率的吸收指数 k 和折射率 n，由计算结果得到的光学常数如图 3.12 所示，具体取值见表 3.4。

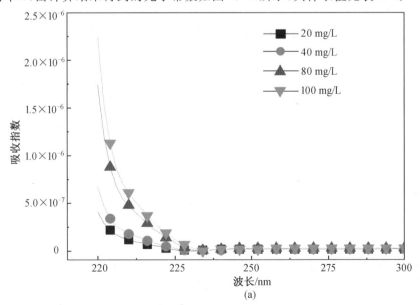

图 3.12　紫外波段 200~300 nm 聚丙烯酰胺溶液的光学常数

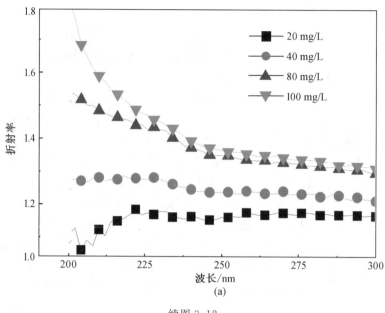

(a)

续图 3.12

表 3.4 紫外波段 200～300 nm 聚丙烯酰胺溶液的光学常数

波长/nm	20 mg/L		40 mg/L		80 mg/L		100 mg/L	
	k	n	k	n	k	n	k	n
300	2.0×10^{-8}	1.127 60	2.0×10^{-8}	1.173 74	3.0×10^{-8}	1.257 94	3.0×10^{-8}	1.271 64
290	2.0×10^{-8}	1.129 67	2.0×10^{-8}	1.182 07	3.0×10^{-8}	1.269 59	3.0×10^{-8}	1.280 68
280	2.0×10^{-8}	1.134 52	2.0×10^{-8}	1.195 25	3.0×10^{-8}	1.280 32	3.0×10^{-8}	1.296 53
270	2.0×10^{-8}	1.136 92	2.0×10^{-8}	1.203 09	3.0×10^{-8}	1.289 57	3.0×10^{-8}	1.304 66
260	2.0×10^{-8}	1.133 80	2.0×10^{-8}	1.201 88	3.0×10^{-8}	1.296 22	2.0×10^{-8}	1.312 64
250	2.0×10^{-8}	1.123 59	2.0×10^{-8}	1.199 91	3.0×10^{-8}	1.311 21	2.0×10^{-8}	1.326 07
240	2.0×10^{-8}	1.125 44	1.0×10^{-8}	1.208 37	2.0×10^{-8}	1.333 98	2.0×10^{-8}	1.355 23
230	1.0×10^{-8}	1.141 43	1.0×10^{-8}	1.238 32	2.0×10^{-8}	1.389 16	4.0×10^{-8}	1.413 98
220	5.0×10^{-8}	1.130 18	7.0×10^{-8}	1.241 42	1.9×10^{-7}	1.416 09	2.4×10^{-7}	1.463 84
210	1.2×10^{-7}	1.085 03	1.8×10^{-7}	1.243 56	4.8×10^{-7}	1.447 03	6.1×10^{-7}	1.552 01
200	4.1×10^{-7}	1.069 28	6.7×10^{-7}	1.234 61	1.7×10^{-6}	1.503 81	2.2×10^{-6}	1.785 06

由图 3.12 和表 3.4 可知,在紫外波段 200～300 nm 范围内,不同质量浓度的聚丙烯酰胺溶液吸收指数 k 均随波长增大而减小,二者近似呈反比例函数关系,其中质量浓度为 20 mg/L、40 mg/L、80 mg/L 和 100 mg/L 的聚丙烯酰胺溶液吸收指数 k 分别在 1.0×10^{-8}～4.1×10^{-7}、1.0×10^{-8}～6.7×10^{-7}、2.0×10^{-8}～1.7×10^{-6} 和 2.0×10^{-8}～2.2×10^{-6} 之间。质量浓度为 80 mg/L 和 100 mg/L 的聚丙烯酰胺溶液的折射率 n 均随波长增大而减小,二者近似呈反比例函数关系;质量浓度为 20 mg/L 和 40 mg/L 的聚丙烯酰胺

溶液的折射率 n 随波长增大先增大再减小最后趋于稳定,其中质量浓度为 20 mg/L、40 mg/L、80 mg/L 和 100 mg/L 的聚丙烯酰胺溶液折射率 n 分别在 1.069 28~1.141 43、1.173 74~1.243 56、1.257 94~1.503 81 和 1.271 64~1.785 06 之间。

利用 3.1.3 节获得的光学腔长度长度为 1 mm、3 mm 和 10 mm 的聚丙烯酰胺溶液的透射率,基于 2.3.1 节的双厚度优化理论反演模型计算质量浓度为 200 mg/L、400 mg/L、800 mg/L 和 1 000 mg/L 的聚丙烯酰胺溶液在紫外波段 500~650 nm 处透射率的吸收指数 k 和折射率 n,由计算结果得到的光学常数如图 3.13 所示,具体取值见表 3.5。

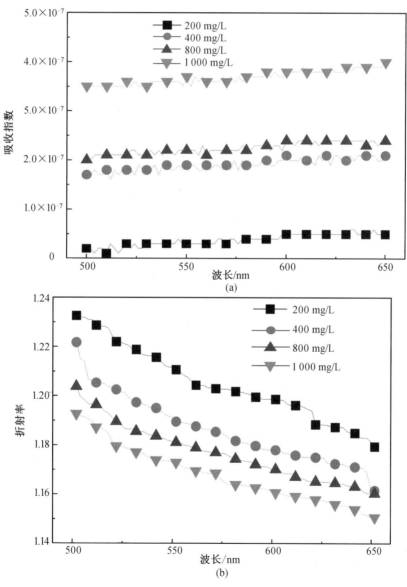

图 3.13　紫外波段 500~650 nm 聚丙烯酰胺溶液的光学常数

表 3.5　紫外波段 500～650 nm 聚丙烯酰胺溶液的光学常数

波长/nm	200 mg/L		400 mg/L		800 mg/L		1 000 mg/L	
	k	n	k	n	k	n	k	n
650	5.0×10^{-8}	1.178 31	2.1×10^{-7}	1.161 30	2.4×10^{-7}	1.160 17	4.0×10^{-7}	1.150 96
640	5.0×10^{-8}	1.183 50	2.1×10^{-7}	1.170 35	2.3×10^{-7}	1.162 79	3.9×10^{-7}	1.154 02
630	5.0×10^{-8}	1.185 77	2.0×10^{-7}	1.171 58	2.4×10^{-7}	1.164 19	3.9×10^{-7}	1.155 93
620	5.0×10^{-8}	1.186 79	2.1×10^{-7}	1.174 07	2.4×10^{-7}	1.164 70	3.8×10^{-7}	1.157 74
610	5.0×10^{-8}	1.194 18	2.0×10^{-7}	1.174 86	2.4×10^{-7}	1.166 56	3.8×10^{-7}	1.159 06
600	5.0×10^{-8}	1.196 48	2.1×10^{-7}	1.176 90	2.4×10^{-7}	1.169 41	3.8×10^{-7}	1.160 42
590	4.0×10^{-8}	1.197 30	2.0×10^{-7}	1.178 55	2.3×10^{-7}	1.171 33	3.8×10^{-7}	1.162 34
580	4.0×10^{-8}	1.199 50	1.9×10^{-7}	1.180 45	2.2×10^{-7}	1.173 46	3.7×10^{-7}	1.163 57
570	3.0×10^{-8}	1.200 62	1.9×10^{-7}	1.183 94	2.2×10^{-7}	1.175 92	3.6×10^{-7}	1.167 89
560	3.0×10^{-8}	1.201 88	1.9×10^{-7}	1.186 04	2.1×10^{-7}	1.177 80	3.6×10^{-7}	1.168 77
550	3.0×10^{-8}	1.207 91	1.9×10^{-7}	1.187 83	2.2×10^{-7}	1.179 86	3.7×10^{-7}	1.172 00
540	3.0×10^{-8}	1.212 66	1.9×10^{-7}	1.193 05	2.2×10^{-7}	1.182 33	3.6×10^{-7}	1.172 98
530	3.0×10^{-8}	1.215 63	1.8×10^{-7}	1.195 24	2.1×10^{-7}	1.184 11	3.5×10^{-7}	1.176 03
520	3.0×10^{-8}	1.218 66	1.8×10^{-7}	1.200 21	2.1×10^{-7}	1.187 86	3.6×10^{-7}	1.178 36
510	1.0×10^{-8}	1.224 96	1.8×10^{-7}	1.202 81	2.1×10^{-7}	1.194 39	3.5×10^{-7}	1.185 58
500	2.0×10^{-8}	1.228 66	1.7×10^{-7}	1.218 40	2×10^{-7}	1.201 39	3.5×10^{-7}	1.190 83

由图 3.13 和表 3.5 可以看出,在紫外波段 500～650 nm 范围内,不同质量浓度的聚丙烯酰胺溶液吸收指数 k 均随波长增大而增大,二者近似呈线性关系,其中质量浓度为 200 mg/L、400 mg/L、800 mg/L 和 1 000 mg/L 的聚丙烯酰胺溶液吸收指数 k 分别在 $1.0 \times 10^{-8} \sim 5.0 \times 10^{-8}$、$1.7 \times 10^{-7} \sim 2.1 \times 10^{-7}$、$2.0 \times 10^{-7} \sim 2.4 \times 10^{-7}$ 和 $3.5 \times 10^{-7} \sim 4.0 \times 10^{-7}$ 之间。质量浓度为 200 mg/L、400 mg/L、800 mg/L 和 1 000 mg/L 的聚丙烯酰胺溶液的折射率 n 均随波长增大而减小,二者近似呈线性关系,其中质量浓度为 200 mg/L、400 mg/L、800 mg/L 和 1 000 mg/L 的聚丙烯酰胺溶液折射率 n 分别在 1.178 31～1.228 66、1.161 30～1.208 40、1.160 17～1.201 39 和 1.150 96～1.190 83 之间。

3.2　油田含油含聚污水光谱测量实验

3.2.1　含油含聚污水水样配制

三元复合驱回注水水样取自大庆油田某三元联合站,该水样为二级滤罐处理后回注水。其含油量标准曲线公式为

$$y = 0.002\ 25x + 0.001\ 01 \tag{3.1}$$

式中　y——萃取液吸光度;

　　　x——萃取液含油量(萃取液中石油的质量浓度),mg/L。

其中,标准曲线相关系数 $R^2 = 0.9976$。

三元复合驱回注水水样含油量检测:取三元联合站二级滤罐后出水 20 mL,加入 3 mL盐酸(0.1 mol/L),摇匀静置,用 30 mL 石油醚对其进行萃取,于分液漏斗中静置 30 min,将上层萃取液倒入 50 mL 比色管中,用石油醚定容摇匀后,利用紫外可见分光光度计测量其吸光度,水样中含油量计算公式为

$$\rho_{油} = \frac{yV_2}{V_1} \tag{3.2}$$

式中　$\rho_{油}$——含油污水含油量,mg/L;

　　　V_1——被测水样体积,20 mL;

　　　V_2——萃取液体积,50 mL。

将上述三元复合驱回注水用蒸馏水稀释成不同浓度的回注水水样。首先,向三元复合驱回注水水样中分别加入不同体积的蒸馏水,再利用 TA6−1 混凝搅拌仪对回注水水样进行搅拌使其混合均匀。最后得到含油量分别为 56.00 mg/L、50.91 mg/L、46.67 mg/L、40 mg/L、37.33 mg/L、31.11 mg/L、28 mg/L、24.40 mg/L、18.67 mg/L、16.00 mg/L、14.00 mg/L、12.44 mg/L、11.20 mg/L、10.18 mg/L、9.33 mg/L、8.61 mg/L、8.00 mg/L 的回注水水样。

3.2.2　含油含聚污水紫外透射光谱测量

利用 TU−1900 双光束紫外可见分光光度计测量光学腔长度分别为 5 mm、10 mm 和 20 mm 的 51 个标准液样本的紫外透射光谱,并将 3 次测量得到的标准液透射率数据取平均值,以减小测量误差,用于后续光学常数的求解和定量分析建模。实验在室温 (20 ℃)条件下进行,标准液回注水紫外透射光谱如图 3.14 所示。

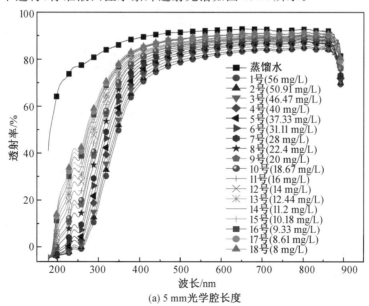

(a) 5 mm光学腔长度

图 3.14　回注水紫外透射光谱((a)～(d)彩图见附录)

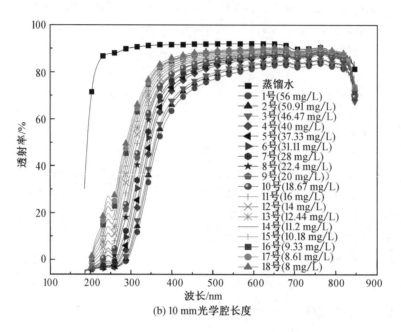

(b) 10 mm光学腔长度

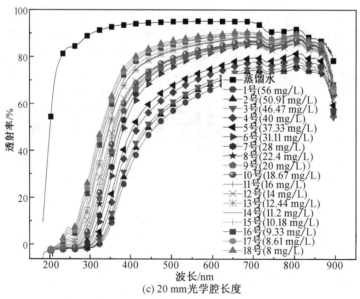

(c) 20 mm光学腔长度

续图 3.14

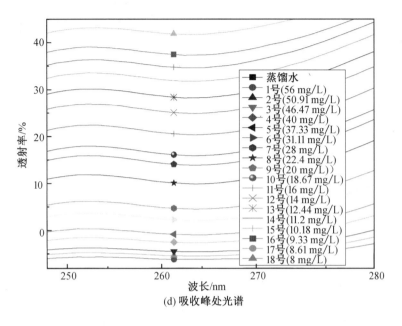

(d) 吸收峰处光谱

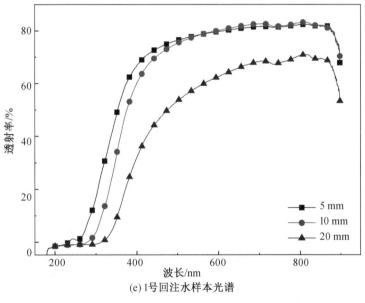

(e) 1号回注水样本光谱

续图 3.14

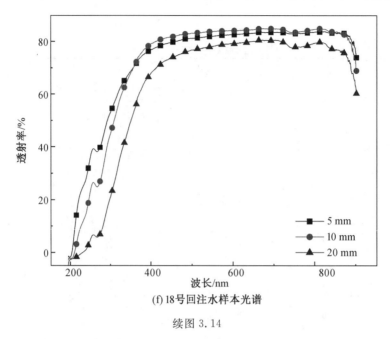

(f) 18号回注水样本光谱

续图 3.14

由图 3.14(a)~(c)可知,在 190~900 nm 波段范围内,回注水紫外透射光谱变化趋势相同;在 190~500 nm 范围内,回注水透射率增长较快;在 500~700 nm 范围内,回注水透射率增长缓慢且逐渐趋于平稳;在 700~900 nm 范围内,回注水透射率呈现小幅度增长后下降的趋势。由 3.14(d)可知,在波长为 265 nm 处,回注水透射率随回注水含油量的增加而降低。由图 3.14(e)和(f)可知,当光学腔长度相同时,回注水含油量越高对透射率的影响越显著。

3.2.3　含油含聚污水红外透射光谱测量

利用 IRTracer-100 傅里叶变换红外透射光谱仪测量光学腔长度分别为 0.025 mm、0.05 mm 和 0.1 mm 的标准液红外透射光谱,并将 3 次测量得到的标准液透射率数据取平均值,为后续光学常数的求解和定量分析建模提供准确的光谱数据。实验在室温及标准大气压下进行。不同光学腔长度下回注水红外透射光谱如图 3.15 所示。

由图 3.15(a)~(c)可知,不同光学腔长度下回注水红外透射光谱变化趋势相同,在波数为 1 550~1 750 cm^{-1}、2 100~2 270 cm^{-1} 和 3 000~3 600 cm^{-1} 处存在吸收峰。由图 3.15(d)可知,回注水透射率随含油量的增加逐渐降低。当光学腔长度为定值时,回注水透射率受含油量影响较大。

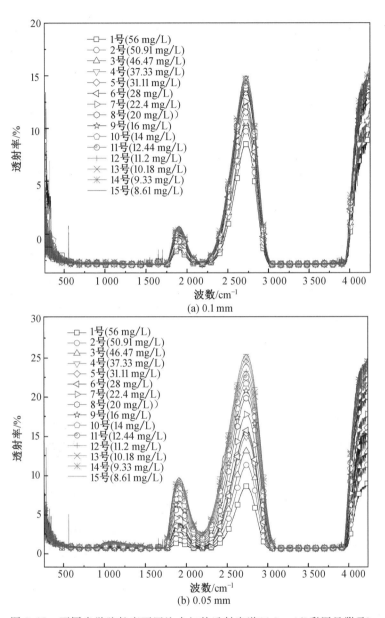

(a) 0.1 mm

(b) 0.05 mm

图 3.15　不同光学腔长度下回注水红外透射光谱((a)～(d)彩图见附录)

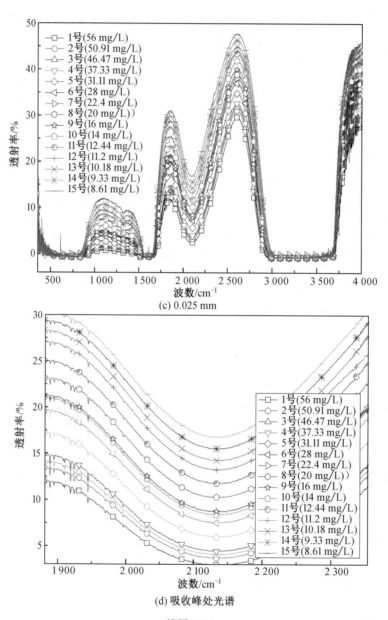

(c) 0.025 mm

(d) 吸收峰处光谱

续图 3.15

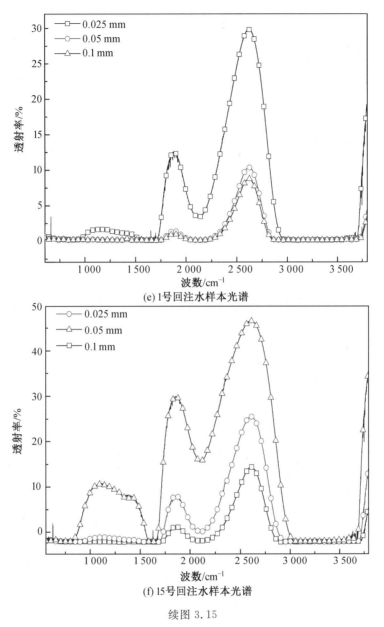

(e) 1号回注水样本光谱

(f) 15号回注水样本光谱

续图 3.15

回注水有机物官能团分析如图 3.16(a)、(b)所示,当光学腔长度为 0.025 mm 和 0.1 mm时,回注水在波数为 1 550～1 750 cm^{-1}、2 100～2 270 cm^{-1} 和 3 000～3 600 cm^{-1}时均存在 3 个明显吸收峰。不同位置的吸收峰由不同的官能团形成,其中 1 550～1 750 cm^{-1}处为醇、醛、羧基基团所对应的吸收峰,2 100～2 270 cm^{-1}处为炔烃所对应的吸收峰,3 000～3 600 cm^{-1}处为芳烃所对应的吸收峰。

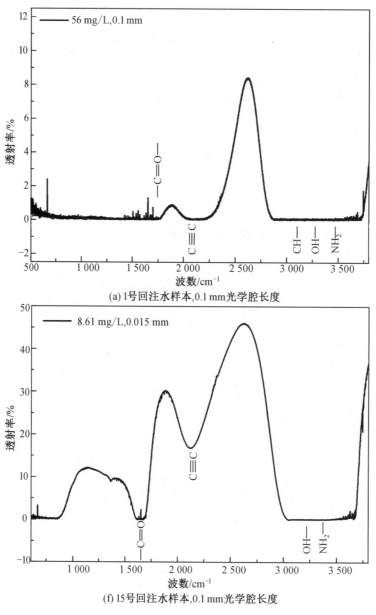

(a) 1号回注水样本,0.1 mm光学腔长度

(f) 15号回注水样本,0.1 mm光学腔长度

图 3.16　回注水有机物官能团分析

3.2.4　回注水折射率求解

基于 3.2.2 节和 3.2.3 节中测量得到的不同光学腔长度下回注水的紫外和红外透射光谱,利用 2.3 节中双厚度优化反演模型计算回注水的折射率 n 和吸收指数 k,如图 3.17 和图 3.18 所示。考虑到光谱的末段吸收和环境噪声对光谱测量的影响,紫外波段和红外波段分别选择在 $350\sim850$ nm 和 $1\,800\sim2\,800$ cm^{-1} 范围对回注水的光学常数进行分析。

由图 3.17(a)可知,在 $350\sim850$ nm 波段范围内,折射率 n 随波长增加呈现逐渐减小的趋势,其数值整体在 $1.3\sim1.8$ 之间变化。由图 3.17(b)可知,不同含油量回注水的吸

收指数 k 变化曲线相似,在 350~500 nm 波段范围内,随波长的增加吸收指数 k 迅速减小;在 500~700 nm 波段范围内,吸收指数 k 变化逐渐趋于平缓;在 700~850 nm 波段内略有波动;全波段范围来看,吸收指数 k 在 0~0.000 002 范围内变化。

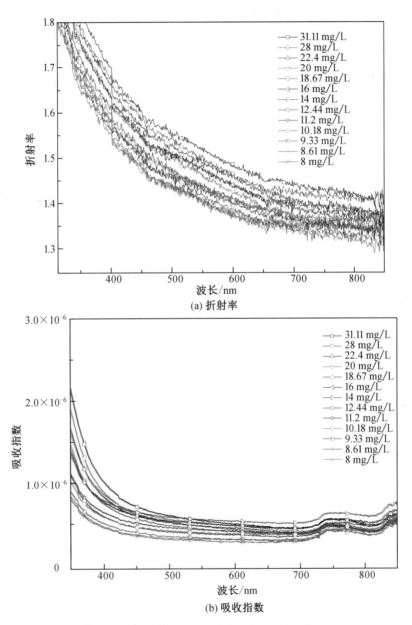

(a) 折射率

(b) 吸收指数

图 3.17　紫外波段回注水光学常数(彩图见附录)

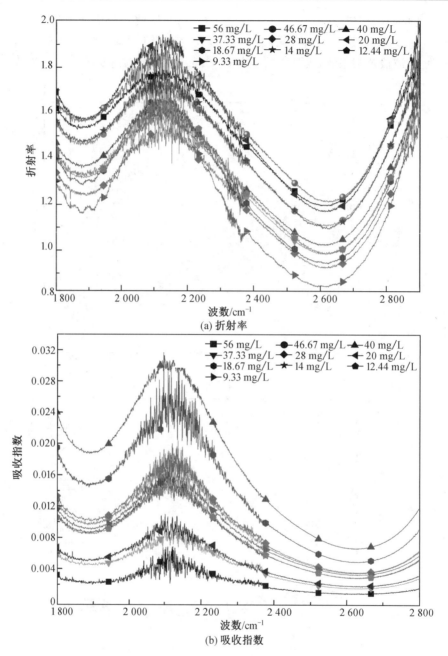

图 3.18　红外波段回注水光学常数

由图 3.18(a)可知,在 1 800~1 900 cm^{-1} 和 2 100~2 600 cm^{-1} 波段范围内,折射率 n 随波数的增加呈现逐渐减小的变化趋势。在 1 900~2 100 cm^{-1} 和 2 600~2 900 cm^{-1} 波段范围内,折射率 n 随波数的增加呈现逐渐增大的变化趋势。整体来看,其数值在 0.8~2.0 范围内变化。由图 3.18(b)可知,不同含油量回注水吸收指数 k 变化趋势一致,在 1 800~2 150 cm^{-1} 波段范围内,回注水吸收指数 k 先随波数增加而增加;在 2 150~2 400 cm^{-1} 波段范围内,回注水吸收指数 k 随波数的增加而逐渐降低;在波数为

2 150 cm^{-1} 时回注水的吸收指数 k 达到了最大值。

3.3　本章小结

本章分析了不同质量浓度聚丙烯酰胺溶液和油田含油含聚污水的透射特性,并基于第 2 章中构造的透射法结合 KK 关系式法和双厚度优化法光学常数理论反演模型分别计算了红外波段和紫外波段的光学常数。主要结论如下:

(1) 在常温透射光谱测量中,在红外波段 400～4 000 cm^{-1} 下,不同质量浓度聚丙烯酰胺溶液的透射光谱均有两个强吸收带,分别为 500～920 cm^{-1} 和 2 980～3 680 cm^{-1}。在 1 882 cm^{-1} 和 2 627 cm^{-1} 处存在两个明显波峰,在 2 127 cm^{-1} 处存在明显波谷。

(2) 聚丙烯酰胺溶液的透射率随液体厚度增加而减小。其中,红外部分液体厚度为 0.025 mm、0.05 mm 和 0.1 mm,其透射率大小顺序为 $T_{0.025} > T_{0.05} > T_{0.1}$;紫外部分光学腔长度为 1 mm、3 mm 和 10 mm,其透射率大小顺序为 $T_1 > T_3 > T_{10}$。

(3) 在红外波段 2 400～2 800 cm^{-1} 范围内,聚丙烯酰胺溶液的吸收指数 k 在区间内随波数增加先减小后增大,质量浓度为 20 mg/L、80 mg/L、100 mg/L 的吸收指数随着质量浓度的增大而增大,而质量浓度为 100 mg/L、400 mg/L、800 mg/L 的吸收指数随着质量浓度的增大而减小。聚丙烯酰胺溶液的折射率 n 随质量浓度的增大先增大后减小。质量浓度为 20 mg/L、80 mg/L、100 mg/L 的聚丙烯酰胺溶液折射率 n 值分别在 1.251 31～1.266 78、1.350 07～1.367 40 和 1.410 31～1.427 78 之间。质量浓度为 400 mg/L、800 mg/L 的聚丙烯酰胺溶液折射率 n 值分别在 1.321 20～1.336 93 和 1.221 68～1.236 36 之间。

(4) 在紫外波段 200～300 nm 范围内,不同质量浓度的聚丙烯酰胺溶液吸收指数 k 均随波长增大而减小,二者近似呈反比例函数关系。质量浓度为 20 mg/L、40 mg/L、80 mg/L 和 100 mg/L 的聚丙烯酰胺溶液折射率 n 分别在 1.069 28～1.141 43、1.173 74～1.243 56、1.257 94～1.503 81 和 1.271 64～1.785 06 之间。在紫外 500～650 nm 波段范围内,不同质量浓度的聚丙烯酰胺溶液吸收指数 k 均随波长增大而增大,二者近似呈线性关系。质量浓度为 200 mg/L、400 mg/L、800 mg/L 和 1 000 mg/L 的聚丙烯酰胺溶液折射率 n 分别在 1.178 31～1.228 66、1.161 30～1.208 40、1.160 17～1.201 39 和 1.150 96～1.190 83 之间。

(5) 不同光学腔长度下,回注水红外透射光谱变化趋势相同,在波数为 1 550～1 750 cm^{-1}、2 100～2 270 cm^{-1} 和 3 000～3 600 cm^{-1} 处存在吸收峰。不同位置的吸收峰由不同的官能团形成。其中,1 550～1 750 cm^{-1} 处为醇、醛、羧基基团所对应的吸收峰,2 100～2 270 cm^{-1} 处为炔烃所对应的吸收峰,3 000～3 600 cm^{-1} 处为芳烃所对应的吸收峰。回注水透射率随含油量的增加逐渐降低。当光学腔长度为定值时,回注水透射率受含油量影响较大。

(6) 在紫外 350～850 nm 波段范围内,折射率 n 随波长增加呈现逐渐减小的趋势,其数值整体在 1.3～1.8 之间变化。不同含油量回注水的吸收指数 k 变化曲线相似。在 350～500 nm 波段范围内,随波长的增加吸收指数 k 迅速减小;在 500～700 nm 波段范围内,吸收指数 k 变化逐渐趋于平缓;在 700~850 nm 波段内略有波动;全波段范围来看,吸收指数 k 在 0~0.000 002 范围内变化。

(7) 在红外 1 800~1 900 cm^{-1} 和 2 100~2 600 cm^{-1} 波段范围内,折射率 n 随波数的增加呈现减小的变化趋势。在 1 900~2 100 cm^{-1} 和 2 600~2 900 cm^{-1} 波段范围内,呈现随波数的增加而逐渐增大的趋势。整体看,其数值在 0.8~2.0 范围内变化。不同含油量回注水吸收指数 k 变化趋势一致,在 1 800~2 150 cm^{-1} 波段范围内,回注水吸收指数 k 先随波数增加而增加;在 2 150~2 400 cm^{-1} 波段范围内,回注水吸收指数 k 随波数的增加而逐渐降低;在波数为 2 150 cm^{-1} 时,回注水的吸收指数 k 达到了最大值。

第4章 含油含聚污水光谱定量分析理论

光谱分析法结合化学计量学建立定量分析模型主要是通过化学计量学原理建立待测水样光谱信息和待测物含量之间的关系模型。目前,将光谱分析法与化学计量学原理相结合的检测方法已被国内外学者广泛应用于物质在线检测中。

4.1 光谱预处理技术

在对样本进行光谱测量的过程中,所测得的光谱信息除包含样本的特征信息外,还包含了外界影响因素的干扰。例如:实验仪器及实验环境导致的误差,实验操作过程不规范导致的误差,这些误差的引入会对最终样本光谱信息造成影响,从而影响光谱分析结果。因此,利用光谱数据进行定量分析建模前应对光谱进行预处理,以达到降噪、提高建模精度的目的。

4.1.1 Savitzky—Golay 多项式平滑法

Savitzky—Golay 多项式平滑法(简称 S—G)是对光谱信息进行平滑去噪常用的方法之一。与传统方法相比,该方法具有稳定、误差小和降噪效果好的优势。其表达式为

$$p_i = \frac{\sum\limits_{j=-m}^{m} p_{i+j} w_j}{\sum\limits_{j=-m}^{m} w_j} \tag{4.1}$$

式中　　p_i——平滑后序列;

　　　　w_j——移动窗口平滑中的权重因子。

4.1.2 标准正态变换

标准正态变换(Standard Normal Variate,SNV)是数理统计中常用的方法,其原理是将原始正态数据或正态变量标准化,即光谱曲线的光谱数据服从一定的统计分布,利用该统计分布对光谱曲线进行校正,其公式为

$$X_{i(\text{SNV})} = \frac{x_i - \mu}{\sigma} \tag{4.2}$$

式中　　x_i——原始光谱数据;

　　　　μ——光谱数据的平均值;

　　　　σ——光谱数据的标准偏差。

4.1.3　矢量归一化

矢量归一化（Vector Normalization,VN）的优势在于可以减小光学腔长度对光谱信息造成的影响,且适用于浓度变化大的待测液光谱降噪处理。其公式为

$$X'_{ij} = \frac{x_{ij} - \overline{X}_j}{S_j} \tag{4.3}$$

式中　$\overline{X}_j$——数据矩阵的第 j 列元素的平均值,$\overline{X}_j = \frac{1}{n}\sum_{i=1}^{n} x_{ij}$;

　　　S_j——数据矩阵的第 j 列元素的平方和根,$S_j = \sqrt{\sum_{i=1}^{n} x_{ij}^2}$。

4.1.4　最小最大归一化

最小最大归一化（Minimum Maximum Normalization,Min-Max Nor）是将量纲不统一的各种变量幅值变换到同一范围内,该方法常适用于样本间取值差距较大的数据集预处理。其公式为

$$x'_{ij} = k[x_{ij} - \min(x_j)] \tag{4.4}$$

式中　k——原始矩阵中第 j 列元素的常数;

　　　$\min(x_j)$——原始矩阵中第 j 列元素的最小值。

4.1.5　多元散射校正

多元散射校正（Multiplication Scattering Correction,MSC）是多波长定标建模常用的方法,可有效消除散射影响,增强与成分含量信息的相关性,尤其当待测对象的光谱数据和浓度信息之间存在较好的线性相关性时,该算法处理效果更显著。具体的算法如下:

首先,计算平均光谱,即

$$\overline{X_i} = \frac{1}{n}\sum_{i=1}^{n} X_i \tag{4.5}$$

其次,进行一元回归,即

$$x_i = m_i\overline{X} + b_i \tag{4.6}$$

最后,对光谱进行校正,即

$$X_{i(\text{MSC})} = \frac{1}{m_i}(X_i - b_i) \tag{4.7}$$

式中　$\overline{X_i}$——样本的平均光谱;

　　　X_i——第 i 个样品的光谱;

　　　n——待校正的光谱数量;

　　　m_i——回归方程的斜率;

　　　b_i——回归方程的截距。

4.1.6　光谱数据求导

光谱数据求导（Derivative）预处理方法的优势在于可以消除背景环境的影响。一阶

导数和二阶导数预处理是目前较为常用的光谱数据求导预处理方法,其表达式分别为

$$X_{i(\mathrm{MSC})} = \frac{1}{m_i}(X_i - b_i) \frac{\mathrm{d}_y}{\mathrm{d}_\lambda} = \frac{y_{i+1} - y_i}{\Delta\lambda} \tag{4.8}$$

$$\frac{\mathrm{d}_y^2}{\mathrm{d}_{\lambda^2}} = \frac{y_{i+1} - 2y_i + y_{i-1}}{\Delta\lambda^2} \tag{4.9}$$

4.2　光谱特征区间选择

光谱特征区间即包含样本最具代表性光谱信息的区间,该区间所反映的样本组成及含量更为准确。利用光谱特征区间提取方法选取优选特征区间的同时,还能够提高定量分析建模的精度。本节主要介绍几种基于偏最小二乘法的特征区间提取方法。

4.2.1　区间 PLS 算法

iPLS 的原理是将整个波段范围的光谱划分成若干等宽的子区间,然后对每个子区间进行偏最小二乘回归分析,计算得到每个子区间的均方根误差和相关系数。选取均方根误差最小、相关系数最大时对应的偏最小二乘回归模型为最优 iPLS 模型。

4.2.2　联合区间 PLS 算法

联合区间 PLS 算法(Syncrgy Interval PLS,SiPLS)是以 iPLS 为基础,计算得到两个及以上子区间的联合模型,选择均方根误差最小、相关系数最大的组合区间,在该区间上进行 PLS 回归分析,即可得出预测能力最强的联合区间偏最小二乘模型。该方法常用于多光谱信息融合特征区间组合,为定量分析建模提供更多有效光谱信息。

4.2.3　移动窗 PLS 算法

移动窗 PLS 算法(Moving Windows PLS,MWPLS)是先将相邻的多个光谱数据划分到一个窗口中,再进行 PLS 回归分析,最后用均方根误差和相关系数作为判别参数来衡量所建模型的准确性,进一步确定最佳区间对应的 WMPLS 最优模型。

4.3　化学计量学定量建模分析方法

化学计量学建立定量建模分析方法的原理主要是基于化学计量学原理建立待测液光谱信息和浓度或含量之间的关系,进而实现对待测液中特定成分或含量的预测,其中常用的建模方法分为线性建模和非线性建模两类。本节主要对几种定量分析建模方法和特点进行介绍。

4.3.1　主成分回归分析法

主成分回归分析法(Principal Component Analysis,PCA)的原理是通过对光谱信息进行降维,剔除线性相关差的光谱信息,然后利用主成分进行多元线性回归,该方法可

大大降低运算的复杂性。

通过奇异值分解，可以将自变量矩阵 $\boldsymbol{X}$ 分解为

$$\boldsymbol{X} = \boldsymbol{USP}^{\mathrm{T}} \tag{4.10}$$

式中　　$\boldsymbol{S}$——协方差矩阵 $\boldsymbol{X}^{\mathrm{T}}\boldsymbol{X}$ 的特征值的平方根；

　　　　$\boldsymbol{U}$——标准列的正交矩阵；

　　　　$\boldsymbol{P}^{\mathrm{T}}$——标准行的正交矩阵。

当 $\boldsymbol{T} = \boldsymbol{US}$ 时，$\boldsymbol{T}$ 为主成分分析中的得分矩阵，矩阵 $\boldsymbol{P}$ 为荷载矩阵，则主成分回归模型可表示为

$$\boldsymbol{Y} = \boldsymbol{TB} + \boldsymbol{E} \tag{4.11}$$

式中　　$\boldsymbol{B}$——关联系数矩阵。

则 $\boldsymbol{B}$ 的最小二乘解可表示为

$$\boldsymbol{B} = (\boldsymbol{T}^{\mathrm{T}}\boldsymbol{T})^{-1}\boldsymbol{T}^{\mathrm{T}}Y \tag{4.12}$$

主成分回归可以有效减小噪声对预测模型的干扰，便于进一步分析。但该方法也存在不足，在建模过程中，由于数据维数降低，部分光谱数据被舍去导致预测模型的精度受到影响。

4.3.2　偏最小二乘回归法

偏最小二乘回归法是通过建立因变量和自变量之间的相互关系，通过已知的自变量数值对因变量的数值进行预测。当数据量较小且数据间线性关系较大时，更适宜用该方法进行建模。偏最小二乘回归法建模过程如下：

记自变量组 n 次标准化观测数据矩阵为 $\boldsymbol{A}$，因变量组为 $\boldsymbol{B}$，即

$$\boldsymbol{A} = \begin{bmatrix} a_{11} & \cdots & a_{1m} \\ \vdots & & \vdots \\ a_{n1} & \cdots & a_{nm} \end{bmatrix}, \quad \boldsymbol{B} = \begin{bmatrix} b_{11} & \cdots & b_{1p} \\ \vdots & & \vdots \\ b_{n1} & \cdots & b_{np} \end{bmatrix} \tag{4.13}$$

提取两个变量组的第一对分量 $(\boldsymbol{U}_1, \boldsymbol{V}_1)$，并使其相关性达到最大，即

$$\boldsymbol{U}_1 = \alpha_{11}x_1 + \cdots + \alpha_{1m}x_m = \boldsymbol{\alpha}^{(1)\mathrm{T}}X \tag{4.14}$$

$$\boldsymbol{V}_1 = \beta_{11}y_1 + \cdots + \beta_{1p}y_p = \boldsymbol{\beta}^{(1)\mathrm{T}}Y \tag{4.15}$$

$$\hat{\boldsymbol{U}}_1 = \boldsymbol{A\alpha}^{(1)} \begin{bmatrix} a_{11} & \cdots & a_{1m} \\ \vdots & & \vdots \\ a_{n1} & \cdots & a_{nm} \end{bmatrix} \begin{bmatrix} \alpha_{11} \\ \vdots \\ \alpha_{1m} \end{bmatrix} \tag{4.16}$$

$$\hat{\boldsymbol{V}}_1 = \boldsymbol{B\beta}^{(1)} \begin{bmatrix} b_{11} & \cdots & b_{1p} \\ \vdots & & \vdots \\ b_{n1} & \cdots & b_{np} \end{bmatrix} \begin{bmatrix} \beta_{11} \\ \vdots \\ \beta_{1p} \end{bmatrix} \tag{4.17}$$

将条件极值问题转化为数学条件极值问题，即

$$\max(\hat{\boldsymbol{U}}_1 \cdot \hat{\boldsymbol{V}}_1) = (\boldsymbol{A\alpha}^{(1)} \cdot \boldsymbol{B\beta}^{(1)}) = \boldsymbol{\alpha}^{(1)\mathrm{T}}\boldsymbol{A}^{\mathrm{T}}\boldsymbol{B\beta}^{(1)} \tag{4.18}$$

$$\begin{cases} \boldsymbol{\alpha}^{(1)\mathrm{T}}\boldsymbol{\alpha}^{(1)} = \|\boldsymbol{\alpha}^{(1)}\|^2 = 1 \\ \boldsymbol{\beta}^{(1)\mathrm{T}}\boldsymbol{\beta}^{(1)} = \|\boldsymbol{\beta}^{(1)}\|^2 = 1 \end{cases} \tag{4.19}$$

$$\boldsymbol{\beta}^{(1)} = \frac{1}{\theta_1} \boldsymbol{B}^{\mathrm{T}} \boldsymbol{A} \boldsymbol{\alpha}^{(1)} \tag{4.20}$$

假设回归模型为

$$\begin{cases} \boldsymbol{A} = \hat{\boldsymbol{U}}_1 \boldsymbol{\sigma}^{(1)\mathrm{T}} + \boldsymbol{A}_1 \\ \boldsymbol{B} = \hat{\boldsymbol{U}}_1 \boldsymbol{\tau}^{(1)\mathrm{T}} + \boldsymbol{B}_1 \end{cases} \tag{4.21}$$

则回归系数向量的最小二乘估计为

$$\begin{cases} \boldsymbol{\sigma}^{(1)} = \boldsymbol{A}^{\mathrm{T}} \hat{\boldsymbol{U}}_1 / \parallel \hat{\boldsymbol{U}}_1 \parallel^2 \\ \boldsymbol{\tau}^{(1)} = \boldsymbol{B}^{\mathrm{T}} \hat{\boldsymbol{U}}_1 / \parallel \hat{\boldsymbol{U}}_1 \parallel^2 \end{cases} \tag{4.22}$$

将 $\boldsymbol{A}$ 和 $\boldsymbol{B}$ 用残差矩阵 $\boldsymbol{A}_1$ 和 $\boldsymbol{B}_1$ 代替,重复上述计算过程,即

$$\hat{\boldsymbol{A}} = \hat{\boldsymbol{U}}_1 \boldsymbol{\sigma}^{(1)\mathrm{T}}, \quad \hat{\boldsymbol{B}} = \hat{\boldsymbol{U}}_1 \boldsymbol{\tau}^{(1)\mathrm{T}} \tag{4.23}$$

计算残差为

$$\boldsymbol{A}_1 = \boldsymbol{A} - \hat{\boldsymbol{A}}, \quad \boldsymbol{B}_1 = \boldsymbol{B} - \hat{\boldsymbol{B}} \tag{4.24}$$

如果残差矩阵 $\boldsymbol{B}_1$ 中元素的绝对值近似为 0,则可认为精度已达到第一分量所建立回归公式的要求,此时可以停止成分的提取;否则继续重复上述计算步骤,即

$$\boldsymbol{\alpha}^{(2)} = [\alpha_{21}, \cdots, \alpha_{2m}]^{\mathrm{T}}, \quad \boldsymbol{\beta}^{(2)} = [\beta_{21}, \cdots, \beta_{2p}]^{\mathrm{T}} \tag{4.25}$$

$\hat{\boldsymbol{U}}_2 = \boldsymbol{A}_1 \boldsymbol{\alpha}^{(2)}$ 和 $\hat{\boldsymbol{V}}_2 = \boldsymbol{B}_1 \boldsymbol{\beta}^{(2)}$ 是第二对分量的得分向量,这时有下式成立:

$$\begin{cases} \boldsymbol{A} = \hat{\boldsymbol{U}}_1 \boldsymbol{\sigma}^{(1)\mathrm{T}} + \cdots + \hat{\boldsymbol{U}}_2 \boldsymbol{\sigma}^{(2)\mathrm{T}} + \boldsymbol{A}_2 \\ \boldsymbol{B} = \hat{\boldsymbol{U}}_1 \boldsymbol{\tau}^{(1)\mathrm{T}} + \cdots + \hat{\boldsymbol{U}}_2 \boldsymbol{\tau}^{(2)\mathrm{T}} + \boldsymbol{B}_2 \end{cases} \tag{4.26}$$

$$\begin{cases} \boldsymbol{A} = \hat{\boldsymbol{U}}_1 \boldsymbol{\sigma}^{(1)\mathrm{T}} + \cdots + \hat{\boldsymbol{U}}_r \boldsymbol{\sigma}^{(r)\mathrm{T}} + \boldsymbol{A}_r \\ \boldsymbol{B} = \hat{\boldsymbol{U}}_1 \boldsymbol{\tau}^{(1)\mathrm{T}} + \cdots + \hat{\boldsymbol{U}}_r \boldsymbol{\tau}^{(r)\mathrm{T}} + \boldsymbol{B}_r \end{cases} \tag{4.27}$$

将 $U_K = \alpha_{K1} x_1 + \cdots + \alpha_{km} x_m (k=1,2,\cdots,r)$ 代入 $Y = U_1 \tau^{(1)} + \cdots + U_r \tau^{(r)}$,可得到 p 个因变量的偏最小二乘回归式为

$$y_j = c_{j1} x_1 + \cdots + c_{jm} x_m \quad (j=1,2,\cdots,p) \tag{4.28}$$

4.3.3　最小二乘支持向量机回归

最小二乘支持向量机回归(Least Squares Support Vector Machine,LSSVM)是以支持向量机为基础经改进形成的回归模型。其建模过程如下:

设定 S 为已知的训练集,表达式为

$$S = \{(\boldsymbol{x}_i, \boldsymbol{y}_i), \boldsymbol{x}_i \in \mathbf{R}^n, \boldsymbol{y}_i \in \mathbf{R}\}_{i=1}^l \tag{4.29}$$

式中　　$\boldsymbol{x}_i$——第 i 个输入向量;

　　　　$\boldsymbol{y}_i$——对应 $\boldsymbol{x}_i$ 的目标值;

　　　　l——样本数目。

最小二乘支持向量机回归函数 $f(x)$ 的表达式为

$$f(x) = \boldsymbol{w}^{\mathrm{T}} \varphi(x) + b \tag{4.30}$$

式中　　$\varphi(x)$——特征空间的映射;

　　　　$\boldsymbol{w}$——系数向量;

　　　　b——待求量。

在最小二乘向量机中,回归问题可以优化为

$$\min_{w,b,e} Q(\boldsymbol{w},b,e) = \frac{1}{2} \parallel \boldsymbol{w} \parallel^2 + \frac{\gamma}{2} \sum_{i=1}^{l} e_i^{\ 2} \tag{4.31}$$

式中　e_i—— 第 i 个数据的误差变量；

　　　γ—— 误差调整的惩罚参数。

相应的拉格朗日函数为

$$L(\boldsymbol{w},b,e,a) = Q(\boldsymbol{w},b,e) - \sum_{i=1}^{l} \alpha_i [\boldsymbol{w}^{\mathrm{T}} \varphi(x_i) + b + e_i - y_i] \tag{4.32}$$

其最优解条件为

$$\begin{cases} \dfrac{\partial L}{\partial \boldsymbol{w}} = 0, 即\ \boldsymbol{w} - \sum_{i=1}^{l} \alpha_i \varphi(x_i) = 0 \\[2mm] \dfrac{\partial L}{\partial b} = 0, 即\ \sum_{i=1}^{l} \alpha_i = 0 \\[2mm] \dfrac{\partial L}{\partial e_i} = 0, 即\ Ce_i - \alpha_i = 0 \\[2mm] \dfrac{\partial L}{\partial \alpha_i} = 0, 即\ \boldsymbol{w}^{\mathrm{T}} \varphi(x_i) + b + e_i - y_i = 0 \end{cases} \tag{4.33}$$

式(4.33) 服从 Mercer 条件：$\varOmega_{ij} = K(x_i, y_i) = \varphi^{\mathrm{T}}(x_i, y_i)$，则最小二乘向量机的回归方程为

$$y(x) = \sum_{i=1}^{l} \alpha_i K(x, x_i) + b \tag{4.34}$$

4.4　模型性能评价指标

4.4.1　相关系数

相关系数(Correlation Coefficient) r 反映了两变量信息之间的相互关系或相关方向。当其数值大于零时，两变量呈正相关，反之呈负相关。

$$r = \frac{\sum (y_i - \overline{y})(\hat{y} - \overline{\hat{y}})}{\sqrt{\sum (y_i - \overline{y})^2} \sqrt{\sum (\hat{y}_i - \overline{\hat{y}})^2}} \tag{4.35}$$

式中　$\hat{y}_i$—— 光谱建模预测值；

　　　$\overline{\hat{y}}$—— 光谱建模预测值的算数平均值；

　　　$\overline{y}$—— 标准方法测定值的算数平均值。

4.4.2　决定系数

决定系数(Coefficient of Determination) R^2 作为模型的判定标准之一，其数值决定了模型的可取性，若定量分析模型预测因变量的决定系数值较低，则说明该模型的可靠性较差。

$$R^2 = 1 - \frac{\sum (\hat{y_i} - y_i)^2}{\sqrt{\sum (y_i - \bar{y})^2}} \tag{4.36}$$

式中　$\hat{y_i}$——光谱建模预测值；

　　　$\bar{y}$——标准方法测定值的算数平均值。

4.4.3　校正集交叉验证均方根误差

校正集交叉验证均方根误差(Root Mean Square Error in Calibration, RMSECV)代表了校正集建模模型的可靠性,其值越大,模型预测能力越差。

$$\text{RMSECV} = \sqrt{\frac{1}{n-1} \sum_{i=1}^{n} (\hat{y_i} - y_i)^2} \tag{4.37}$$

4.4.4　预测集外部验证均方根误差

预测集外部验证均方根误差(Root Mean Square Error in Prediction, RMSEP)代表了模型预测因变量值的准确性,其值越大,预测结果越准确。

$$\text{RMSEP} = \sqrt{\frac{1}{m-1} \sum_{j=1}^{m} (\hat{x_i} - x_i)^2} \tag{4.38}$$

4.4.5　系统偏差

系统偏差(Bias)表示实际值与平均值偏离程度,其值越小,越稳定。

$$\text{Bias} = \frac{1}{n} \sum_{i=1}^{n} (\hat{y_i} - y_i) \tag{4.39}$$

回归模型的评价指标可以准确反映出模型的准确性及可信度。当相关系数 r 或决定系数 R^2 的数值越大,校正集交叉验证均方根误差 RMSECV、预测集外部验证均方根误差 RMSEP 以及系统偏差 Bias 的值越小时,所建立的回归模型预测精度越高,预测效果越好。如果 RMSECV 远小于 RMSEP,则意味着校正集样本的代表性较差;如果 RMSEP 远远小于 RMSECV,则表明预测集样本的代表性较差。

4.5　本 章 小 结

本章介绍了光谱数据的光谱预处理方法、光谱特征提取算法、常用的化学计量学定量分析算法以及模型的性能评价指标,为后文含油含聚污水的含聚量和含油量定量分析建模提供了理论基础。

第5章　单谱源含油量测量方法

单波段紫外吸收光谱法是检测水中含油量最常用的方法,但该方法忽略了水样在其他波长处的吸收。本章采用全波段范围,以标准液为研究对象,采用光谱法结合化学计量学原理建立了单谱源含油量和含聚量的定量分析模型。重点研究了建模数据的选择和光谱特征区间的选取,确定了基于单谱源含油量定量分析的最优模型,并用回注水进行验证分析,通过对回注水含油量的检测来判断所建定量分析模型的可靠性。

5.1　标准液配制及光谱测量

考虑回注水中三种有机物为混合体系,为探究定量分析模型对三元有机物混合体系中含油量预测的准确性,本节选取由柴油、煤油和机油三种有机物共同组成的混合体系作为标准液,测量了标准液的紫外透射光谱数据和红外透射光谱数据,以此为基础进行后续建模。

5.1.1　标准液的配制

标准液由柴油、煤油和机油按不同比例配制而成(实验所用柴油、煤油和机油均采购于大庆市某加油站),并以柴油体积分数来表征标准液。配制柴油体积分数为 $0\sim100\%$ 的标准液样本。标准液样本编号及柴油体积分数见表 5.1。

表 5.1　标准液样本编号及柴油体积分数

样本编号	$V_{柴油}$ /mL	$\varphi_{柴油}$ /%	样本编号	$V_{柴油}$ /mL	$\varphi_{柴油}$ /%	样本编号	$V_{柴油}$ /mL	$\varphi_{柴油}$ /%
1	0	0	11	10	20	21	20	40
2	1	2	12	11	22	22	21	42
3	2	4	13	12	24	23	22	44
4	3	6	14	13	26	24	23	46
5	4	8	15	14	28	25	24	48
6	5	10	16	15	30	26	25	50
7	6	12	17	16	32	27	26	52
8	7	14	18	17	34	28	27	54
9	8	16	19	18	36	29	28	56
10	9	18	20	19	38	30	29	58

续表 5.1

样本编号	$V_{柴油}$ /mL	$\varphi_{柴油}$ /%	样本编号	$V_{柴油}$ /mL	$\varphi_{柴油}$ /%	样本编号	$V_{柴油}$ /mL	$\varphi_{柴油}$ /%
31	30	60	38	37	74	45	44	88
32	31	62	39	38	76	46	45	90
33	32	64	40	39	78	47	46	92
34	33	66	41	40	80	48	47	94
35	34	68	42	41	82	49	48	96
36	35	70	43	42	84	50	49	98
37	36	72	44	43	86	51	50	100

5.1.2　标准液光谱测量

1. 标准液紫外透射光谱测量

利用 TU－1900 双光束紫外可见分光光度计测量了光学腔长度分别为 5 mm、10 mm 和 20 mm 的 51 个标准液样本的紫外透射光谱,并将 3 次测量得到的标准液透射率数据取平均值,以减小测量误差,用于后续光学常数的求解和定量分析建模。实验在室温(20 ℃)条件下进行,标准液紫外透射光谱如图 5.1 所示。

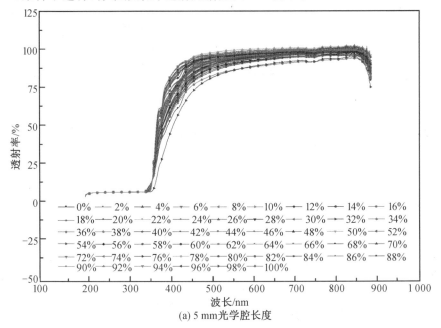

(a) 5 mm 光学腔长度

图 5.1　标准液紫外透射光谱((a)、(c)、(d)彩图见附录)

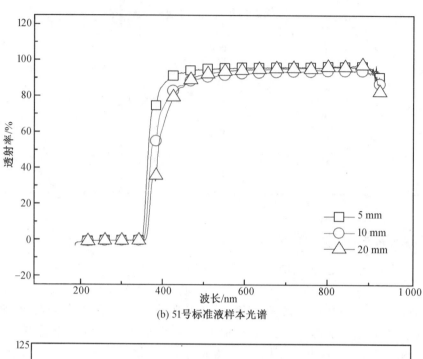

(b) 51号标准液样本光谱

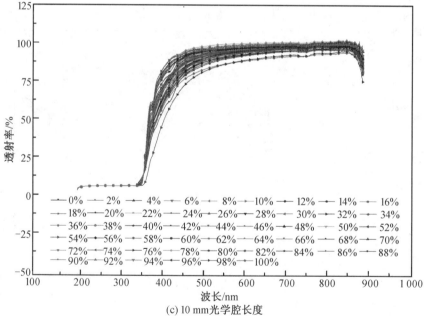

(c) 10 mm光学腔长度

续图 5.1

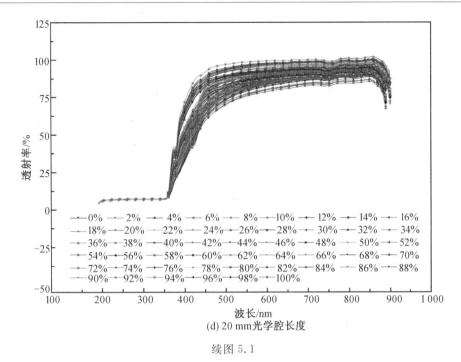

(d) 20 mm光学腔长度

续图 5.1

由图 5.1(a)、(c)、(d)可知,波段范围为 190～900 nm 时,不同柴油体积分数标准液的紫外透射光谱变化趋势基本一致;在 350～500 nm 范围内,标准液透射率随着波长的增加逐渐增大;在 500～850 nm 范围内,标准液透射率趋于平缓且波动较小;在 850～900 nm范围内,标准液透射率有所减小。由图 5.1(b)可知,当标准液柴油体积分数为定值时,标准液透射率与光学腔长度呈负相关,即光学腔长度越大,标准液透射率越低。

2. 标准液红外透射光谱测量

利用 IRTracer－100 傅里叶变换红外透射光谱仪测量了光学腔长度分别为 0.025 mm、0.05 mm 和 0.1 mm 的标准液红外透射光谱,并将 3 次测量得到的标准液透射率数据取平均值,为后续光学常数的求解和定量分析建模提供准确的光谱数据。实验在室温及标准大气压下进行。标准液红外透射光谱如图 5.2 所示。

由图 5.2(a)、(c)、(d)可知,在 400～4 000 cm^{-1} 波段范围内,不同柴油体积分数的标准液红外透射光谱变化趋势相同,均在波数为 720 cm^{-1}、1 460 cm^{-1} 和 2 900 cm^{-1} 处存在吸收峰。由图 5.2(b)可知,当标准液的柴油体积分数相同时,0.1 mm 光学腔长度所对应标准液透射率最小,0.025 mm 光学腔长度所对应标准液透射率最大。

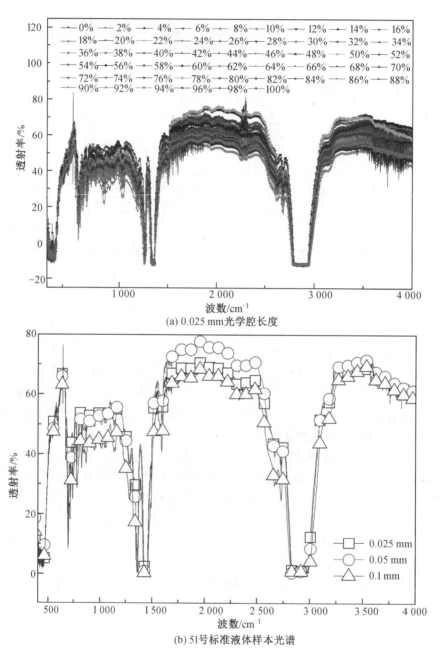

(a) 0.025 mm光学腔长度

(b) 51号标准液体样本光谱

图 5.2　标准液红外透射光谱((a)、(c)、(d)彩图见附录)

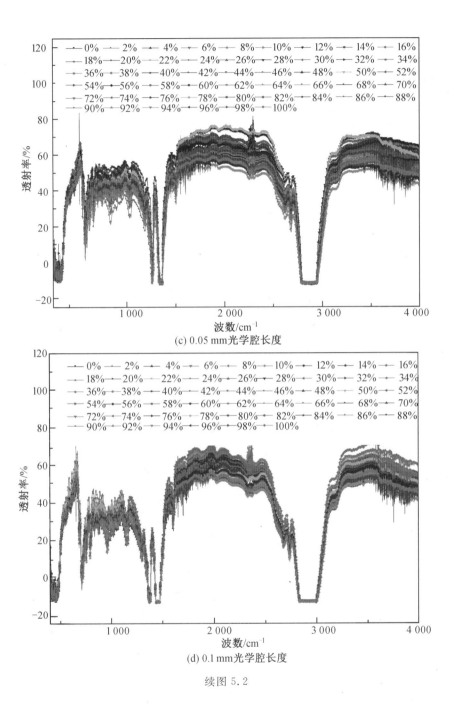

(c) 0.05 mm光学腔长度

(d) 0.1 mm光学腔长度

续图 5.2

5.2　标准液透射率建模

5.2.1　紫外波段标准液透射率建模

1. iPLS 定量分析建模

iPLS 模型的可靠性主要取决于相关系数 r、RMSECV 和 RMSEP。RMSEP 和 RMSECV 用来评价模型的预测能力,其中 RMSEP 越小说明预测能力越好,RMSECV 越小则说明校正集对模型训练校正效果越好,其推导公式为

$$SSE = \sum_{k=1}^{n} (y_k - y_{k,pred})^2 \tag{5.1}$$

$$SSR = \sum_{k=1}^{n} (y_{k,pred} - \bar{y}_k)^2 \tag{5.2}$$

式中　y_k、$y_{k,pred}$——统计参数的真实值和预测值;

$\bar{y}_k$——统计参数真实值的平均值。

SST、SSR 和 SSE 之间的关系为

$$SST = SSR + SSE \tag{5.3}$$

式中　SSE——残差平方和;

SSR——回归平方和;

SST——总平方和。

$$MSE = \frac{SSE}{n} = \frac{1}{n} \sum_{k=1}^{n} (y_k - y_{k,pred})^2 \tag{5.4}$$

$$RMSE = \sqrt{MSE} = \sqrt{\frac{SSE}{n}} = \sqrt{\frac{1}{n} \sum_{k=1}^{n} (y_k - y_{k,pred})^2} \tag{5.5}$$

$$R^2 = \frac{SSR}{SST} = \frac{SST - SSE}{SST} = 1 - \frac{SSE}{SST} \tag{5.6}$$

$$RMSECV = \sqrt{\frac{1}{n-1} \sum_{i=1}^{n} (y_i - y_{i,pred})^2} \tag{5.7}$$

$$RMSEP = \sqrt{\frac{1}{m} \sum_{j=1}^{m} (y_j - y_{j,pred})^2} \tag{5.8}$$

$$R = \sqrt{1 - \frac{\sum_{k=1}^{N} (y_{k,pred} - y_k)^2}{\sum_{k=1}^{N} (y_k - \bar{y}_k)^2}} \tag{5.9}$$

式中　MSE——均方误差;

n、m——校正集和预测集样本数目;

y_i、y_j——校正集和预测集观察指标的原始值;

$y_{i,pred}$、$y_{j,pred}$——校正集和预测集观察指标的预测值。

如果 RMSEP 远大于 RMSECV,则意味着校正集样本的代表性差,模型信息不足或

"过拟合"。在这种情况下,模型在校正集上表现良好,但不能保证预测集的精度,即模型的泛化能力很差。如果 RMSEP 远远小于 RMSECV,则表明预测集样本的代表性较差。如果 RMSEP 和 RMSECV 都非常大,则模型表现为"欠拟合",校正集和预测集的预测性能都非常差。而模型发生"欠拟合"的主要原因是其没有掌握数据集的真实结构。

2. iPLS 算法步骤及建模流程

iPLS 算法步骤如下:

(1)提取样本原始光谱或者采用中心化等预处理方法对原始光谱进行预处理;

(2)确定光谱在全波段范围内建模的最佳主成分数;

(3)利用 iPLS 算法将整个波段范围划分为 n 个等宽子区间;

(4)在每个子区间上进行 PLS 回归,建立 n 个局部回归模型;

(5)以 RMSECV 为各模型的精度评价标准,分别比较全波段模型和各局部模型的精度,选取精度最高的局部模型的子区间为最佳建模区间;

(6)对光谱进行重新分区,重复(3)~(5),比较不同区间划分方式的建模效果,进而确定最佳建模区间;

(7)在最佳区间进行 PLS 回归,进而建立最优预测模型。

光谱法与 PLS 算法和 iPLS 算法结合建模流程如图 5.3 所示。

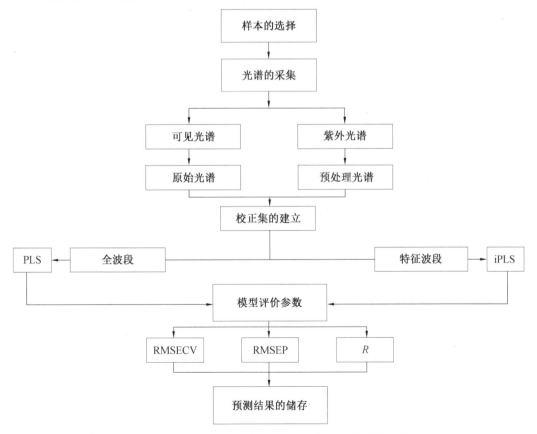

图 5.3 光谱法与 PLS 算法和 iPLS 算法结合建模流程

　　基于紫外波段标准液的透射率数据建立 iPLS 含油量定量分析模型,根据 5.1.2 节测得的标准紫外波段透射率数据,将体积分数为 0、10%、20%、30%、50%、60%、70%、90% 和 100% 的柴油作为校正集,体积分数为 40% 和 80% 的柴油作为预测集。校正集及预测集样本编号及柴油体积分数见表 5.2 和表 5.3。

表 5.2　校正集样本编号及柴油体积分数

样本编号	$\varphi_{柴油} / \%$	样本编号	$\varphi_{柴油} / \%$
1	0	6	60
2	10	7	70
3	20	8	90
4	30	9	100
5	50	—	—

表 5.3　预测集样本编号及柴油体积分数

样本编号	10	11
$\varphi_{柴油} / \%$	40	80

　　根据紫外波段标准液透射率数据所建立的含油量定量分析模型预测结果如图 5.4 所示。

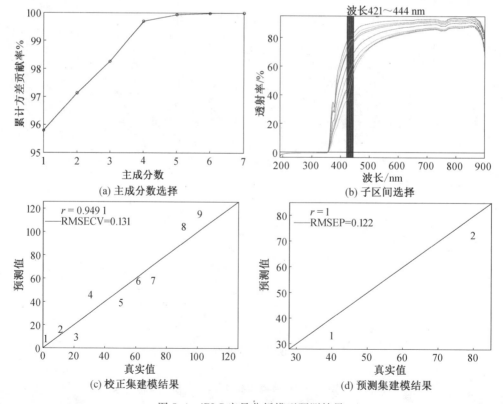

图 5.4　iPLS 定量分析模型预测结果

如图 5.4 所示,根据主成分的选取原则,确定 iPLS 定量分析模型最佳主成分数为 2。将全波段分别等分为 10、20、30、40、50、60 以及 70 个子区间,在每个子区间上进行偏最小二乘回归。最终确定将全波段划分为 20 个子区间为最佳,并在第 23 区间进行偏最小二乘回归预测效果最好。建模结果显示,校正集相关系数和均方根误差分别为 0.949 1 和 0.131,预测集相关系数和均方根误差分别为 1 和 0.122。

3. SiPLS 定量分析模型建立

基于紫外波段标准液透射率数据建立 SiPLS 含油量定量分析模型,校正集及预测集样本编号见表 5.2 和表 5.3,SiPLS 定量分析模型预测结果如图 5.5 所示。

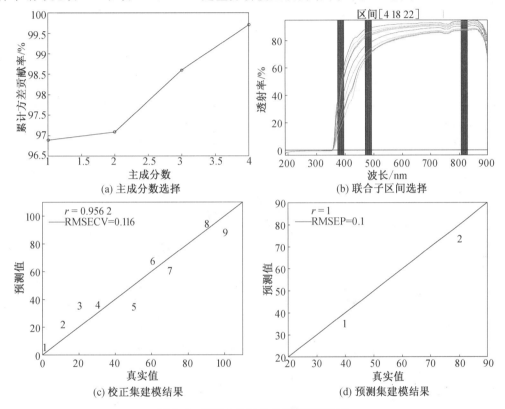

图 5.5　SiPLS 定量分析模型预测结果

如图 5.5 所示,选取不同子区间的划分方式及组合方式,并在每个联合区间上进行偏最小二乘回归。最终确定将全波段划分为 30 个子区间,主成分数为 3,联合子区间为 [4 18 22] 时,回归预测结果最好。其预测结果显示,校正集相关系数和均方根误差分别为 0.956 2 和 0.116,预测集相关系数和均方根误差分别为 1 和 0.1。

5.2.2　红外波段标准液透射率建模

1. iPLS 定量分析模型建立

基于红外波段标准液透射率数据建立 iPLS 含油量定量分析模型,根据 5.1.2 节测得的红外波段标准液透射率数据,将柴油体积分数为 0、10%、20%、30%、50%、60%、70%、90% 和 100% 作为校正集,柴油体积分数为 40% 和 80% 作为预测集。校正集及预测集样本编号及柴油体积分数见表 5.4 和表 5.5,模型预测结果如图 5.6 所示。

表 5.4　校正集样本编号及柴油体积分数

样本编号	$\varphi_{柴油}$ / %	样本编号	$\varphi_{柴油}$ / %
1	0	6	60
2	10	7	70
3	20	8	90
4	30	9	100
5	50	—	—

表 5.5　预测集样本编号及柴油体积分数

样本编号	10	11
$\varphi_{柴油}$ / %	40	80

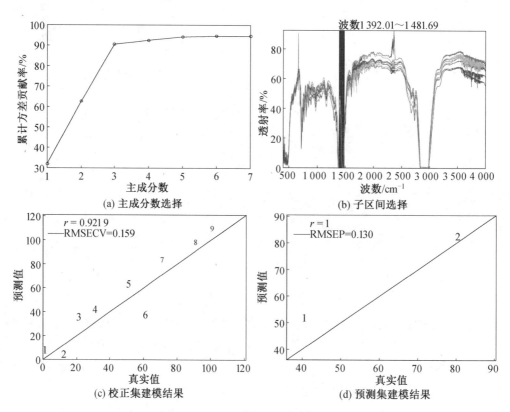

图 5.6　iPLS 定量分析模型预测结果

如图 5.6 所示,当主成分数为 3 时,包含了 85% 以上的光谱信息,减小了后续建模计算量,所以选择主成分为 3 进行后续建模。将全波段分别等分为 10、20、30、40、50、60 和 70 个子区间,在每个子区间上进行偏最小二乘回归。最终确定将全波段划分为 20 个子区间时,在第 15 区间进行偏最小二乘回归预测结果误差最小。其建模结果为:校正集相关系数和均方根误差分别为 0.921 9 和 0.159,预测集相关系数和均方根误差分别为 1 和 0.130。

2. SiPLS 定量分析模型建立

基于红外波段标准液的透射率数据建立 SiPLS 含油量定量分析模型,根据 5.1.2 节测得的红外波段标准液透射率数据,对标准液进行预测集和校正集样本划分,预测集及校正集样本编号见表 5.4 和表 5.5,定量分析模型预测结果如图 5.7 所示。

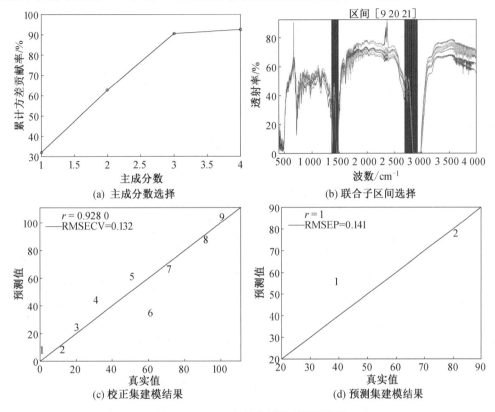

图 5.7　SiPLS 定量分析模型预测结果

如图 5.7 所示,其最佳主成分数为 3,将全波段划分为 20 个子区间为最佳划分方式,当在联合子区间[9 20 21]上进行偏最小二乘回归时,预测结果最好,其校正集相关系数和均方根误差分别为 0.928 0 和 0.132,预测集相关系数和均方根误差分别为 1 和 0.141。

基于紫外波段和红外波段透射率数据建立了 4 种含油量定量分析模型,各定量分析模型建模结果比较见表 5.6。

表 5.6　标准液透射率建模结果比较

谱源	建模方法	模型评价指标			
		r_v	RMSECV	r_p	RMSEP
紫外	iPLS	0.949 1	0.131	1	0.122
	SiPLS	0.956 2	0.116	1	0.100
红外	iPLS	0.921 9	0.159	1	0.130
	SiPLS	0.928 0	0.132	1	0.141

　　由表 5.6 可知,紫外波段透射率数据所建立含油量定量分析模型预测结果最好,其相关系数与红外波段透射率所建含油量定量分析模型相比有所提高,并且预测结果的均方根误差与红外波段透射率所建含油量定量分析模型相比有所下降。

5.3　标准液折射率建模

5.3.1　标准液折射率求解

　　根据 2.3.1 节所建立的双厚度光学常数求解模型,分别计算了柴油体积分数为 0、10%、20%、30%、40%、50%、60%、70%、80%、90% 和 100% 的标准液样本在紫外波段和红外波段的折射率,用于后续含油量定量分析建模。紫外波段和红外波段标准液折射率变化曲线分别如图 5.8 和图 5.9 所示。

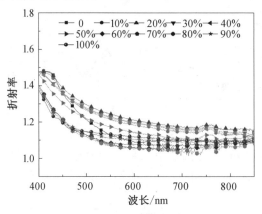

图 5.8　紫外波段标准液折射率

　　由图 5.8 可知,在 400～850 nm 波段范围内,标准液折射率 n 变化趋势相同,随着波长的增加,折射率 n 先逐渐减小后趋于平缓。在 400～850 nm 波段范围内,折射率 n 的变化与标准液中柴油含量无明显变化关系。

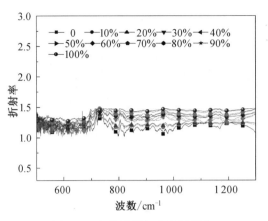

图 5.9　红外波段标准液折射率

由图 5.9 可知,在 $500 \sim 1\ 300\ \text{cm}^{-1}$ 波段范围内,标准液的折射率 n 随波长的增加呈现先增大后减小最后逐渐趋于平稳的变化趋势,其数值整体在 $1.0 \sim 1.5$ 内变化。

5.3.2　紫外波段标准液折射率建模

1. iPLS 定量分析模型建立

基于紫外波段标准液的折射率数据建立 iPLS 定量分析模型,根据 2.3.1 节双厚度反演模型计算得到的紫外波段标准液折射率数据,对标准液样本进行校正集和预测集的划分。校正集及预测集样本编号及柴油体积分数见表 5.7 和表 5.8,模型预测结果如图 5.10 所示。

表 5.7　校正集样本编号及柴油体积分数

样本编号	$\varphi_{柴油}$/%	样本编号	$\varphi_{柴油}$/%
1	0	6	60
2	10	7	70
3	20	8	90
4	30	9	100
5	50	—	—

表 5.8　预测集样本编号及柴油体积分数

样本编号	10	11
$\varphi_{柴油}$/%	40	80

如图 5.10 所示,最佳主成分数为 2,将全波段分别等分为 50 个子区间,并在第 43 个子区间进行偏最小二乘回归预测结果均方根误差最小,建模效果最好。其校正集相关系数和均方根误差分别为 0.938 7 和 0.136,预测集相关系数和均方根误差分别为 1 和 0.124。

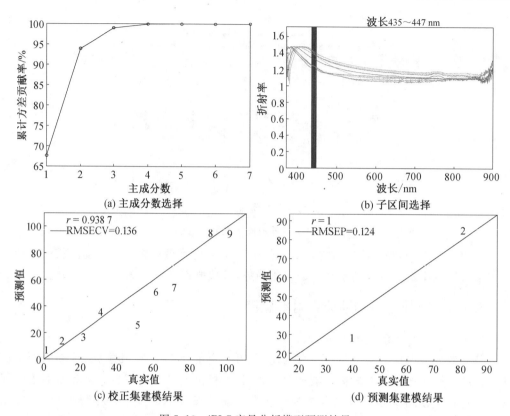

图 5.10　iPLS 定量分析模型预测结果

2. SiPLS 定量分析模型建立

　　基于紫外波段标准液的折射率数据建立 SiPLS 定量分析模型,并对标准液进行预测集和校正集样本划分,其预测集及校正集样本编号见表 5.7 和表 5.8,模型预测结果如图5.11 所示。

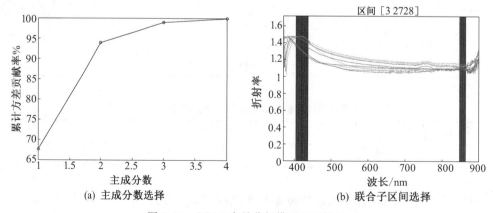

图 5.11　SiPLS 定量分析模型预测结果

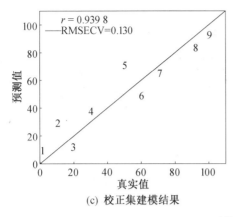 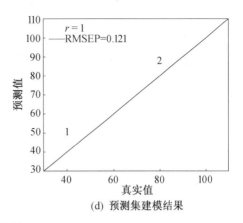

(c) 校正集建模结果　　　　　　　(d) 预测集建模结果

续图 5.11

如图 5.11 所示,其最佳主成分数为 3,将全波段划分为 30 个子区间,在子区间为 [3 27 28] 联合子区间上进行偏最小二乘回归预测效果最好,其校正集相关系数和均方根误差分别为 0.939 8 和 0.130,预测集相关系数和均方根误差分别为 1 和 0.121。

5.3.3　红外波段标准液折射率建模

1. iPLS 定量分析模型建立

基于红外波段标准液的折射率数据建立 iPLS 含油量定量分析模型,将标准液折射率数据划分为校正集和预测集样本,校正集及预测集样本编号见表 5.7 和表 5.8,模型预测结果如图 5.12 所示。

如图 5.12 所示,该模型最佳主成分数为 3,将全波段等分为 20 个子区间为最佳,并在第 19 子区间建模预测效果最好,均方根误差最小。其校正集相关系数和均方根误差分别为 0.957 5 和 0.108,预测集相关系数和均方根误差分别为 1 和 0.084。

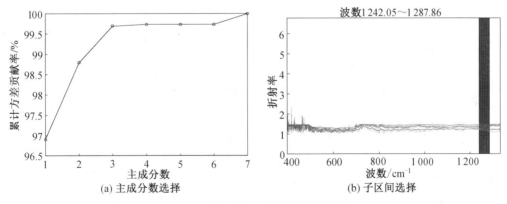

(a) 主成分数选择　　　　　　　(b) 子区间选择

图 5.12　iPLS 定量分析模型预测结果

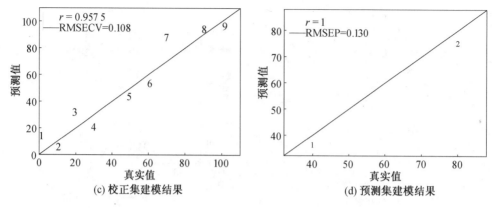

续图 5.12

2. SiPLS 定量分析模型建立

基于红外波段标准液的折射率数据建立 SiPLS 定量分析模型,其预测集及校正集样本划分编号见表 5.7 和表 5.8,模型预测结果如图 5.13 所示。

如图 5.13 所示,该模型最佳主成分数为 3,区间组合数量为 3,将全波段等分为 30 个子区间为最佳,在子区间[12 16 25]进行建模,定量分析模型预测效果最好,其校正集相关系数和均方根误差分别为 0.959 5 和 0.124,预测集相关系数和均方根误差分别为 1 和 0.120。

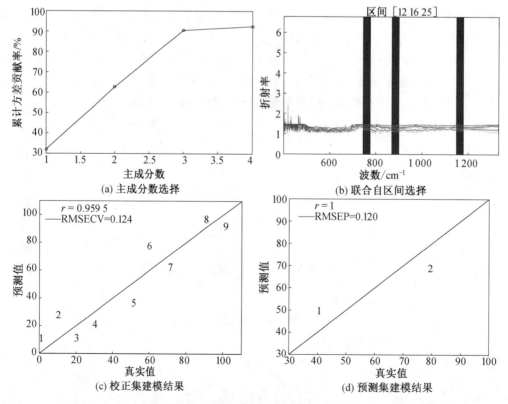

图 5.13 SiPLS 定量分析模型预测结果

基于紫外和红外波段折射率数据建立了四种含油量定量分析模型,各定量分析模型建模结果比较见表 5.9。

表 5.9　标准液折射率建模结果比较

谱源	建模方法	模型评价指标			
		r_v	RMSECV	r_p	RMSEP
紫外	iPLS	0.938 7	0.136	1	0.124
	SiPLS	0.939 8	0.130	1	0.121
红外	iPLS	0.957 5	0.108	1	0.084
	SiPLS	0.959 5	0.124	1	0.120

将表 5.9 与表 5.6 对比可知,基于标准液折射率数据建立最优含油量定量分析模型与基于透射率数据建立最优含油量定量分析模型相比,校正集均方根误差和预测集均方根误差分别减小了 0.008 和 0.016。由表 5.9 可知,基于红外波段标准液折射率数据所建立 iPLS 定量分析模型预测效果最好,预测集相关系数达到 1,均方根误差为 0.084。因此,确定基于红外波段标准液折射率所建的 iPLS 定量分析模型为单谱源含油量最优定量分析模型,并用该模型对回注水中含油量进行分析,以验证模型的可靠性及准确性。

5.4　单谱源建模含油污水含油量分析

基于 5.3 节所建立的单谱源有机物定量分析最优模型,将 5.3.1 节所求的回注水的折射率数据代入定量分析模型,对回注水中含油量进行预测。将回注水样本划分为预测集和校正集样本,其校正集和预测集样本编号及含油量见表 5.10 和表 5.11,回注水含油量分析结果如图 5.14 所示。

表 5.10　校正集样本编号及含油量

样本编号	含油量/(mg·L^{-1})	样本编号	含油量/(mg·L^{-1})
1	56.00	5	28.00
2	46.67	6	18.67
3	40.00	7	14.00
4	37.33	8	12.44

表 5.11　预测集样本编号及含油量

样本编号	含油量/(mg·L^{-1})	样本编号	含油量/(mg·L^{-1})
9	20	10	9.33

如图 5.14 所示,该模型最佳主成分为 4,全波段等分为 30 个子区间为最佳区间划分方式,在第 23 区间上进行区间偏最小二乘回归建模,其模型预测均方根误差最小,预测结

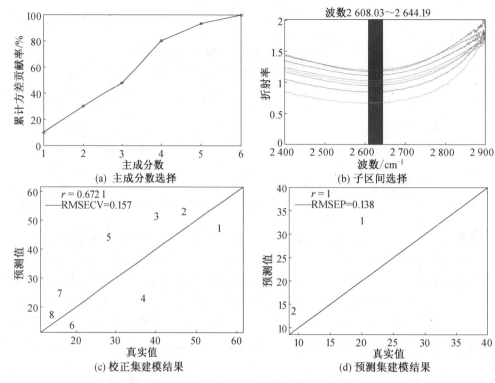

图 5.14　回注水含油量分析结果

果最好。其校正集相关系数和均方根误差分别为 0.672 1 和 0.157,预测集相关系数和均方根误差分别为 1 和 0.138。由建模结果可知,单谱源含油量定量分析模型对回注水中含油量预测结果较好,但校正集样本间相关性较差,基于单谱源含油量最优定量分析模型预测精度还有较大提升空间。

5.5　单谱源建模聚丙烯酰胺溶液含量分析

5.5.1　紫外波段标准液透射率建模

1. iPLS 定量分析模型建立

基于紫外波段聚丙烯酰胺溶液的透射率数据建立 iPLS 含油量定量分析模型,根据 3.1.3 节测得聚丙烯酰胺溶液的紫外波段透射率数据,将聚丙烯酰胺溶液的质量浓度分为 0 mg/L、10 mg/L、20 mg/L、30 mg/L、50 mg/L、60 mg/L、70 mg/L、90 mg/L 和 100 mg/L作为校正集,柴油质量浓度为 40 mg/L 和 80 mg/L 作为预测集。校正集及预测集样本编号及聚丙烯酰胺溶液的质量浓度见表 5.12 和表 5.13。

表 5.12　校正集样本编号及聚丙烯酰胺溶液的质量浓度

样本编号	$\rho_\text{聚}/(\text{mg}\cdot\text{L}^{-1})$	样本编号	$\rho_\text{聚}/(\text{mg}\cdot\text{L}^{-1})$
1	0	6	60
2	10	7	70
3	20	8	90
4	30	9	100
5	50	—	—

表 5.13　预测集样本编号及聚丙烯酰胺溶液的质量浓度

样本编号	10	11
$\rho_\text{聚}/(\text{mg}\cdot\text{L}^{-1})$	40	80

根据紫外波段聚丙烯酰胺溶液透射率数据所建立的定量分析模型预测结果如图 5.15 所示。

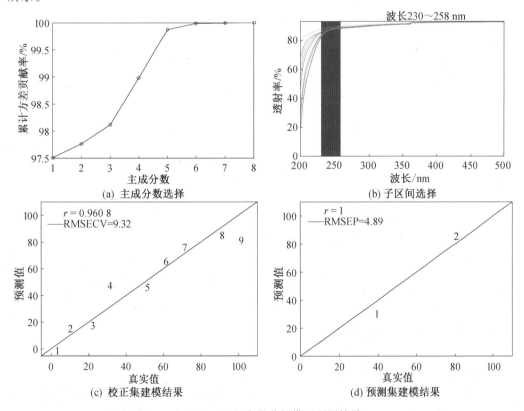

(a) 主成分数选择　　　(b) 子区间选择
(c) 校正集建模结果　　　(d) 预测集建模结果

图 5.15　iPLS 定量分析模型预测结果

如图 5.15 所示,最佳主成分数为 3,将全波段分别等分为 30 个子区间,并在第 28 个子区间进行偏最小二乘回归预测结果均方根误差最小,建模效果最好。其校正集相关系数和均方根误差分别为 0.960 8 和 9.32,预测集相关系数和均方根误差分别为 1 和

4.89。

2. SiPLS 定量分析模型建立

基于紫外波段标准液的透射率数据建立 SiPLS 定量分析模型,其预测集及校正集样本划分编号及聚丙烯酰胺溶液质量浓度见表 5.12 和表 5.13,模型预测结果如图 5.16 所示。

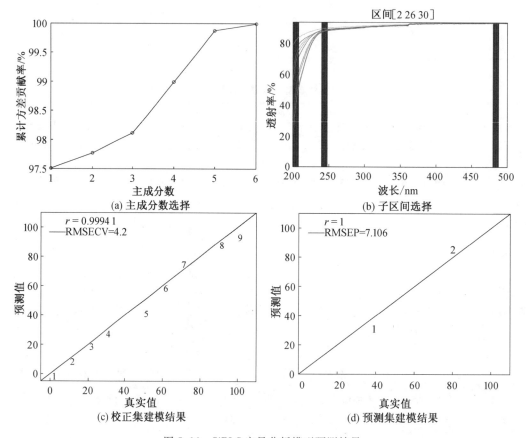

图 5.16　SiPLS 定量分析模型预测结果

如图 5.16 所示,其最佳主成分数为 3,将全波段划分为 30 个子区间,在子区间为 [2 26 30]联合子区间上进行偏最小二乘回归预测效果最好,其校正集相关系数和均方根误差分别为 0.994 1 和 4.2,预测集相关系数和均方根误差分别为 1 和 7.106。

5.5.2　红外波段标准液透射率建模

1. iPLS 定量分析模型建立

基于红外波段聚丙烯酰胺溶液的透射率数据建立 iPLS 含油量定量分析模型,根据 3.1.3 节测得聚丙烯酰胺溶液的紫外波段透射率数据,将聚丙烯酰胺溶液的质量浓度分为 0 mg/L、10 mg/L、20 mg/L、30 mg/L、50 mg/L、60 mg/L、70 mg/L、90 mg/L 和 100 mg/L 作为校正集,质量浓度为 40 mg/L 和 80 mg/L 作为预测集。校正集、预测集样本编号及聚丙烯酰胺溶液的质量浓度见表 5.12 和表 5.13。根据红外波段聚丙烯酰胺溶液透射率数据所建立的含油量定量分析模型预测结果如图 5.17 所示。

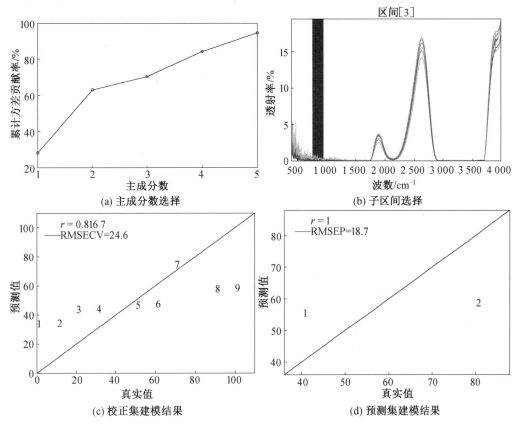

图 5.17　iPLS 定量分析模型预测结果

如图 5.17 所示,最佳主成分数为 3,将全波段分别等分为 20 个子区间,并在第 3 个子区间进行偏最小二乘回归预测结果均方根误差最小,建模效果最好。其校正集相关系数和均方根误差分别为 0.816 7 和 24.6,预测集相关系数和均方根误差分别为 1 和18.7。

2. SiPLS 定量分析模型建立

基于红外波段标准液的透射率数据建立 SiPLS 定量分析模型,其预测集及校正集样本划分编号及聚丙烯酰胺溶液的质量浓度见表 5.12 和表 5.13,模型预测结果如图 5.18所示。

如图 5.18 所示,其最佳主成分数为 4,联合区间为 2,在子区间为[4 3 7]联合子区间上进行偏最小二乘回归预测效果最好,其校正集相关系数和均方根误差分别为 0.710 6和 25.9,预测集相关系数和均方根误差分别为 1 和 19.629 9。

基于紫外波段和红外波段透射率数据建立了四种含聚量定量分析模型,各定量分析模型建模结果比较见表 5.14。

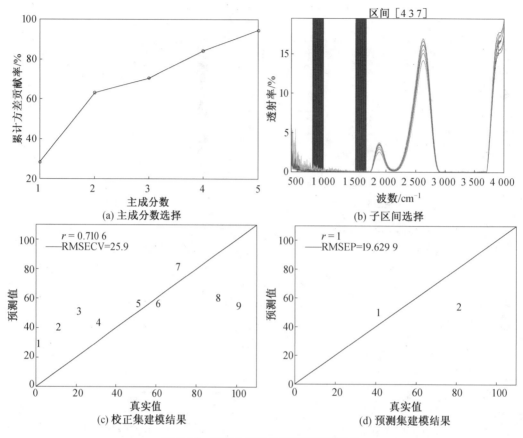

图 5.18　SiPLS 定量分析模型预测结果

表 5.14　标准液透射率建模结果比较

谱源	建模方法	模型评价指标			
		r_v	RMSECV	r_p	RMSEP
紫外	iPLS	0.960 8	9.32	1	4.89
	SiPLS	0.983 3	6.1	1	7.106
红外	iPLS	0.816 7	24.6	1	18.7
	SiPLS	0.710 6	25.9	1	19.623

　　由表 5.14 可知,紫外波段透射率数据所建立含聚量定量分析模型预测结果最好,其相关系数与红外波段透射率所建含聚量定量分析模型相比有所提高,并且预测结果的均方根误差与红外波段透射率所建含聚量定量分析模型相比有所下降。

5.5.3　紫外波段标准液折射率建模

1. iPLS 定量分析模型建立

基于紫外波段标准液的折射率数据建立 iPLS 含油量定量分析模型,将标准液折射率数据划分为校正集和预测集样本,校正集及预测集样本编号及聚丙烯酰胺溶液质量浓度见表 5.12 和表 5.13,模型预测结果如图 5.19 所示。

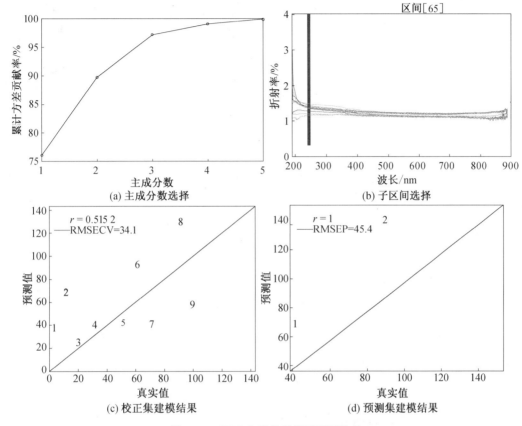

(a) 主成分数选择　　(b) 子区间选择

(c) 校正集建模结果　　(d) 预测集建模结果

图 5.19　iPLS 定量分析模型预测结果

如图 5.19 所示,该模型最佳主成分数为 2,将全波段等分为 70 个子区间为最佳,并在第 65 子区间建模预测效果最好,均方根误差最小。其校正集相关系数和均方根误差分别为 0.515 2 和 34.1,预测集相关系数和均方根误差分别为 1 和 45.4。

2. SiPLS 定量分析模型建立

基于紫外波段标准液的折射率数据建立 SiPLS 定量分析模型,其预测集及校正集样本划分编号及聚丙烯酰胺溶液质量浓度见表 5.12 和表 5.13,模型预测结果如图 5.20 所示。

如图 5.20 所示,该模型最佳主成分数为 5,区间组合数量为 2,在子区间[4 20]进行建模,定量分析模型预测效果最好,其校正集相关系数和均方根误差分别为 0.941 9 和 11.3,预测集相关系数和均方根误差分别为 1 和 17.806 2。

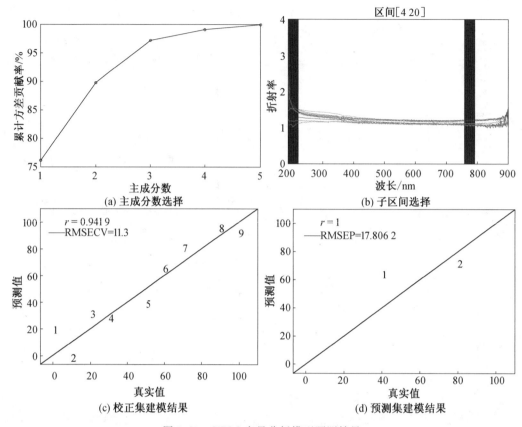

图 5.20 SiPLS 定量分析模型预测结果

5.5.4 红外波段标准液折射率建模

1. iPLS 定量分析模型建立

基于红外波段聚丙烯酰胺溶液的折射率数据建立 iPLS 含油量定量分析模型,将标准液折射率数据划分为校正集和预测集样本,校正集及预测集样本编号及聚丙烯酰胺溶液质量浓度见表 5.12 和表 5.13,模型预测结果如图 5.21 所示。

如图 5.21 所示,该模型最佳主成分为 3,全波段等分为 40 个子区间为最佳区间划分方式,在第 30 区间上进行区间偏最小二乘回归建模,其模型预测均方根误差最小,预测结果最好。其校正集相关系数和均方根误差分别为 0.703 6 和 28.2,预测集相关系数和均方根误差分别为 1 和 25.4。

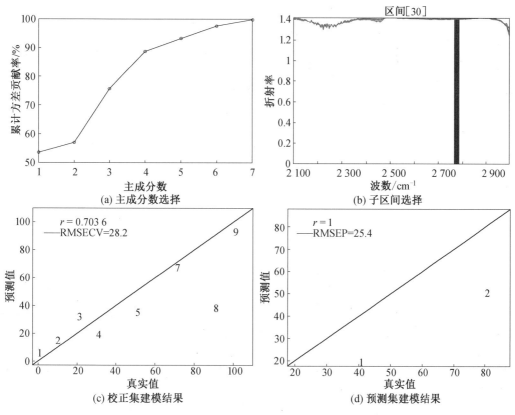

图 5.21 iPLS 定量分析模型预测结果

2. SiPLS 定量分析模型建立

基于红外波段标准液的折射率数据建立 SiPLS 定量分析模型,其预测集及校正集样本划分编号及聚丙烯酰胺溶液质量浓度见表 5.12 和表 5.13,模型预测结果如图 5.22 所示。

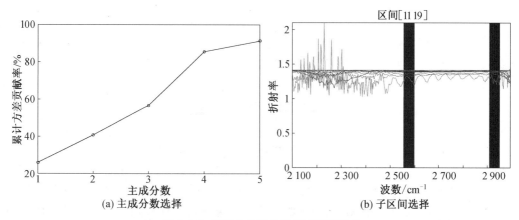

图 5.22 SiPLS 定量分析模型预测结果

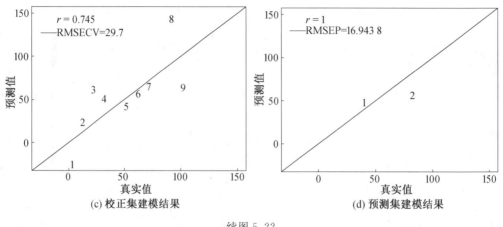

(c) 校正集建模结果   (d) 预测集建模结果

续图 5.22

如图 5.22 所示,该模型最佳主成分数为 4,区间组合数量为 2,在子区间[11 19]进行建模,定量分析模型预测效果最好,其校正集相关系数和均方根误差分别为 0.745 和 29.7,预测集相关系数和均方根误差分别为 1 和 16.943 8。由建模结果可知,单谱源含聚量定量分析模型对聚丙烯酰胺溶液中含聚量预测结果较好,但校正集样本间相关性较差,基于单谱源含聚量最优定量分析模型预测精度还有较大提升空间。标准液折射率建模结果比较见表 5.14。

表 5.14 标准液折射率建模结果比较

谱源	建模方法	模型评价指标			
		r_v	RMSECV	r_p	RMSEP
紫外	iPLS	0.515 2	34.1	1	45.4
	SiPLS	0.941 8	11.3	1	17.806
红外	iPLS	0.703 6	28.2	1	25.4
	SiPLS	0.745	29.7	1	16.944

由表 5.14 可知,基于紫外波段标准液折射率数据所建立 SiPLS 定量分析模型预测效果最好,预测集相关系数达到了 1,均方根误差为 17.806 mg/L。

5.6 本章小结

本章以标准液为研究对象,建立了单谱源(紫外透射光谱和红外透射光谱)含油量定量分析模型,探究了建模方法和建模数据选取对含油量定量分析模型的影响。结果表明,基于透射率数据建模时,SiPLS 为最优建模方法;基于折射率数据建模时,iPLS 为最优建模方法。经建模方法及结果对比,单谱源含油量定量分析最优模型为基于红外波段折射率数据建立的 iPLS 模型。利用所建最优单谱源含油量定量分析模型对油田回注水进行分析,结果表明预测结果较好,但校正集样本点间的相关性较差,模型预测精度还有待提高。为解决该问题,后文提出了折射率混合规则以增加样本间的相关性,从而提高模型预测精度,为多光谱信息融合检测含油量奠定了基础。

　　本章建立了单谱源聚丙烯酰胺溶液含聚量定量分析模型,经建模方法及结果对比,单谱源含聚量定量分析最优模型为基于紫外波段折射率数据建立的 SiPLS 模型。

第6章 多光谱信息融合含油量测量方法

为解决第5章所建单谱源含油量定量分析最优模型对回注水含油量预测存在校正集样本间相关性差的问题,本章提出折射率混合规则,列出了四种应用广泛的折射率混合规则,目的在于增强样本点间的相关性,进而提高模型预测的精度。首先,结合 Newton 混合规则建立了两种建模数据划分方式,重新建立了单谱源含油量定量分析模型,并用回注水含油量加以验证;其次,建立了紫外/红外多光谱信息融合含油量定量分析模型;最后,将单谱源含油量定量建模结果与紫外/红外多光谱信息融合有机物定量建模结果进行对比分析,以确定含油量定量分析的最优模型。

6.1 折射率混合规则模型选择

本节基于 2.3.1 节建立的双厚度光学常数求解模型和 3.2.2 节标准液的透射率数据,求解 370~900 nm 波段范围内标准液的折射率,并以双厚度反演模型计算得到的标准液折射率为参考值,分别根据 2.4 节四种混合规则预测的折射率值计算各混合规则的折射率相对误差,结果如图 6.1 所示。

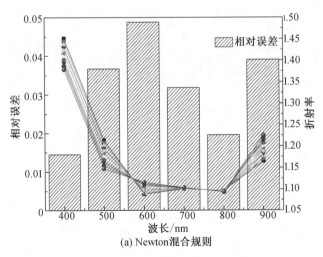

(a) Newton混合规则

图 6.1 混合规则求解折射率相对误差

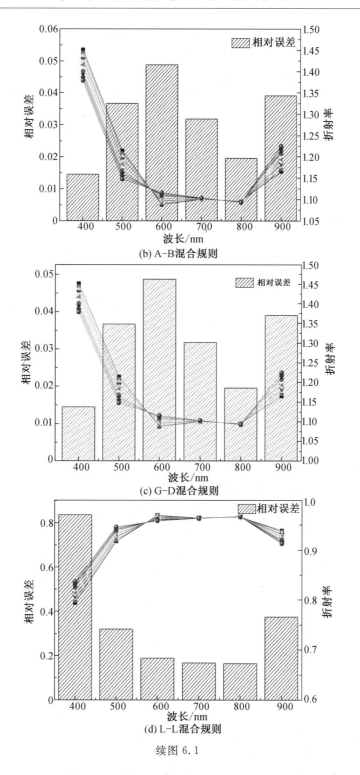

(b) A-B混合规则

(c) G-D混合规则

(d) L-L混合规则

续图 6.1

由图 6.1 可知,L—L 混合规则的预测能力最差,在整个波段范围(400~900 nm)内各样本相对误差的平均值超过 40%;Newton、A—B 和 G—D 混合规则预测的折射率及相对误差变化趋势相似,在 600 nm 及 900 nm 波段附近,各混合规则预测能力较差,折射率的平均相对误差较大;在 400 nm 及 800 nm 波段附近预测效果则较好,平均相对误差较低。

除 L—L 混合规则外,Newton、A—B 和 G—D 混合规则的预测能力在整个波段范围内十分接近,没有明显差异。由于 Newton 混合规则计算能力和预测结果更稳定,所以选择 Newton 混合规则进行后续含油量定量分析建模。

6.2　Newton 混合规则－单谱源定量分析模型建立

在第 5 章所建立最优单谱源含油量定量分析模型(红外波段折射率所建的 iPLS 模型)基础上,结合 Newton 混合规则,以标准液为研究对象,将标准液样本折射率划分为两种类型:①根据 Newton 混合规则计算得到相应样本的折射率,用 N 表示;②由双厚度反演模型及 Newton 混合规则求解的折射率共同组成的建模数据,用 E—N 表示。建立了四种含油量定量分析模型,其中基于 iPLS 所建立的定量分析模型有 N—iPLS 模型和 E—N—iPLS模型,基于 SiPLS 所建立的定量分析模型有 N—SiPLS 模型和 E—N—SiPLS 模型。

6.2.1　N—iPLS 定量分析模型建立

N—iPLS 定量分析模型建模标准液样本的折射率由 Newton 混合规则求解得到,其校正集和预测集的划分见表 6.1 和表 6.2,其中柴油体积分数为 40% 和 80% 为预测集,其余 19 组为校正集。模型预测结果如图 6.2 所示。

表 6.1　校正集编号及柴油体积分数

样本编号	$\varphi_{柴油}/\%$	样本编号	$\varphi_{柴油}/\%$
1	0	11	55
2	5	12	60
3	10	13	65
4	15	14	70
5	20	15	75
6	25	16	85
7	30	17	90
8	35	18	95
9	45	19	100
10	50	—	—

表 6.2　预测集编号及柴油体积分数

样本编号	20	21
$\varphi_{柴油}/\%$	40	80

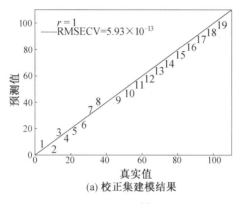 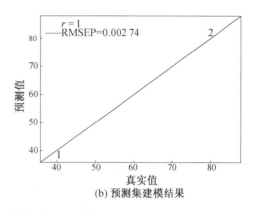

(a) 校正集建模结果　　　　　　　　　(b) 预测集建模结果

图 6.2　N－iPLS 定量分析模型预测结果

由图 6.2 可知,校正集相关系数和均方根误差分别为 1 和 5.93×10^{-13},预测集相关系数和均方根误差分别为 1 和 0.002 74。预测集均方根误差远大于校正集均方根误差,说明该模型预测结果存在"过拟合"现象。

6.2.2　E－N－iPLS 定量分析模型建立

E－N－iPLS 定量分析模型建模标准液样本的折射率由 Newton 混合规则计算标准液样本的折射率及实验数据样本根据双厚度反演得出的折射率组成。其中,由 Newton 混合规则预测标准液样本的折射率组成的样本编号为 2、4、6、8、9、10 号样本,由实验数据反演得到折射率数据样本编号为 1、3、5、7、11 号样本,取 10、11 号样本为预测集,其余 9 组数据为校正集,校正集和预测集编号及柴油体积分数见表 6.3 和表 6.4,建模结果如图 6.3 所示。

表 6.3　校正集编号及柴油体积分数

样本编号	$\varphi_{柴油}/\%$	样本编号	$\varphi_{柴油}/\%$
1	0	6	60
2	10	7	70
3	20	8	90
4	30	9	100
5	50	—	—

表 6.4　预测集编号及柴油体积分数

样本编号	10	11
$\varphi_{柴油}/\%$	40	80

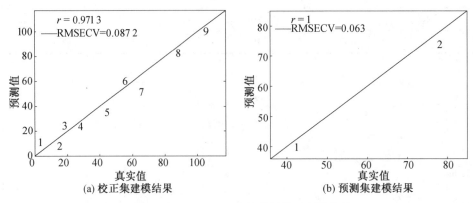

图 6.3　E－N－iPLS 定量分析模型预测结果

由图 6.3 可知,校正集相关系数和均方根误差分别为 0.971 3 和 0.087 2,预测集相关系数和均方根误差分别为 1 和 0.063。

6.2.3　N－SiPLS 定量分析模型建立

N－SiPLS 定量分析模型建模标准液样本的折射率由 Newton 混合规则计算得到。其校正集和预测集的编号及柴油体积分数见表 6.1 和表 6.2。模型预测结果如图 6.4 所示。

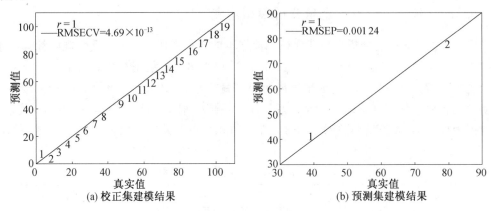

图 6.4　N－SiPLS 定量分析模型预测结果

由图 6.4 可知,N－SiPLS 定量分析模型在子区间[9 11 26]上预测结果最佳。N－SiPLS 定量分析模型预测结果显示,校正集相关系数和均方根误差分别为 1 和 $4.69×10^{-13}$,预测集相关系数和均方根误差分别为 1 和 0.001 24。

6.2.4　E－N－SiPLS 定量分析模型建立

E－N－SiPLS 定量分析模型建模标准液样本的折射率由 Newton 混合规则计算标准液样本的折射率及实验数据样本根据双厚度反演得出的折射率组成。其校正集和预测集编号及柴油体积分数见表 6.3 和表 6.4,模型预测结果如图 6.5 所示。

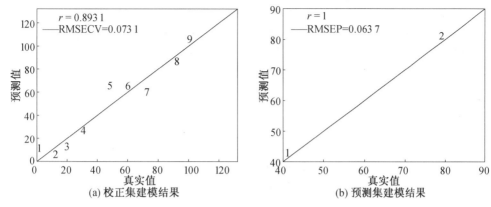

图 6.5　E－N－SiPLS 定量分析模型预测结果

如图 6.5 所示,E－N－SiPLS 定量分析模型在子区间[16 25 29]预测结果最佳。E－N－SiPLS定量分析模型预测结果显示,校正集相关系数和均方根误差分别为 0.893 1 和 0.073 1,预测集相关系数和均方根误差分别为 1 和 0.063 7。Newton 混合规则求解标准液折射率建模结果比较见表 6.5。

表 6.5　Newton 混合规则求解标准液折射率建模结果比较

谱源	建模方法	模型评价指标			
		r_v	RMSECV	r_p	RMSEP
iPLS	N	1	5.93×10^{-13}	1	0.002 74
	E－N	0.971 3	0.087 2	1	0.063 0
SiPLS	N	1	4.96×10^{-13}	1	0.001 24
	E－N	0.980 2	0.070 1	1	0.036 8

由表 6.5 可知,以 Newton 混合规则计算得到的折射率数据建立标准液含油量定量分析模型时,预测集均方根误差明显大于校正集均方根误差,说明样本间的线性关系过强,导致了过拟合的现象。基于 Newton 混合规则和双厚度反演模型计算共同组成的折射率数据所建定量分析模型,解决了"过拟合"和第 3 章单谱源建模存在的样本间相关性差的问题。经过对比分析,确定 E－N－SiPLS 模型为单谱源含油量定量分析最优模型。

6.3　Newton 混合规则－回注水含油量分析

基于 5.1 节建立的单谱源最优含油量定量分析模型(E－N－SiPLS 模型),用回注水进行验证。双厚度反演模型求解折射率样本编号为 2、4、6、7、10 号,Newton 混合规则求解折射率样本编号为 1、3、5、8、9 号,校正集和预测集编号及含油量见表 6.6 和表 6.7,回注水含油量分析如图 6.6 所示。

表 6.6　校正集编号及含油量

样本编号	含油量/(mg · L⁻¹)	样本编号	含油量/(mg · L⁻¹)
1	56.00	5	28.00
2	46.67	6	18.67
3	40.00	7	14.00
4	37.33	8	12.44

表 6.7　预测集编号及含油量

样本编号	含油量/(mg · L⁻¹)	样本编号	含油量/(mg · L⁻¹)
9	20	10	9.33

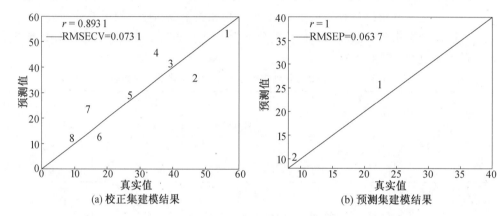

图 6.6　回注水含油量分析

　　由图 6.6 可知,基于 Newton 混合规则建立含油量定量分析模型预测结果显示,校正集相关系数和均方根误差分别为 0.893 1 和 0.073 1,预测集相关系数和均方根误差分别为 1 和 0.063 7。与第 3 章单谱源折射率所建模型相比,校正集相关系数提高了 0.221,校正集均方根误差和预测集均方根误差分别减小了 0.083 9 和 0.074 3。基于 Newton 混合规则建立的含油量定量分析模型预测精度明显提高,所以将其应用于后续多光谱信息融合含油量定量分析建模中。

6.4　多光谱信息融合定量分析模型建立

　　以标准液样本为研究对象建模,建模所用折射率数据分为 3 种类型:①根据样本的紫外和红外透射光谱数据,利用双厚度反演模型计算求得相应样本的折射率(简称为 E)。②根据 Newton 混合规则计算得到相应样本的折射率(简称为 N);③样本折射率数据由双厚度反演模型和 Newton 混合规则求解的折射率共同组成。本节将双厚度法、Newton 混合规则和 iPLS、SiPLS 模型相结合建立了 6 种多光谱信息融合含油量定量分析模型,即 E−iPLS、N−iPLS、E−N−iPLS、E−SiPLS、N−SiPLS 和 E−N−SiPLS 模型。

6.4.1 多光谱信息融合 iPLS 定量分析模型建立

1. E−iPLS 定量分析模型建立

(1) 含聚量定量分析模型。

E−iPLS 所建立标准液含聚量定量分析模型校正集和预测集样本划分见表 6.8 和表 6.9,模型预测结果如图 6.7 所示。

表 6.8　校正集划分

样本编号	$c_聚/(\mathrm{mg \cdot L^{-1}})$	样本编号	$c_聚/(\mathrm{mg \cdot L^{-1}})$
1	0	6	60
2	10	7	70
3	20	8	90
4	30	9	100
5	50	—	—

表 6.9　预测集划分

样本编号	10	11
$c_聚/(\mathrm{mg \cdot L^{-1}})$	40	80

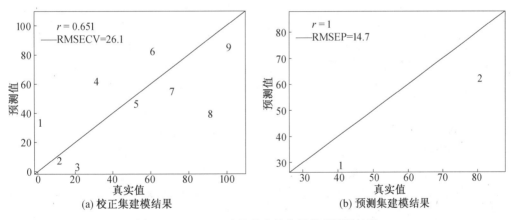

图 6.7　E−iPLS 含聚量定量分析模型预测结果

由图 6.7 可知,E−iPLS 含聚量定量分析模型建模结果显示,校正集相关系数和均方根误差分别为 0.651 和 26.1,预测集相关系数和均方根误差分别为 1 和 14.7。

(2) 含油量定量分析模型。

E−iPLS 所建立标准液含油量定量分析模型校正集和预测集样本划分见表 6.10 和表 6.11,模型预测结果如图 6.8 所示。

表 6.10　校正集样本划分

样本编号	$\varphi_{柴油}/\%$	样本编号	$\varphi_{柴油}/\%$
1	0	6	60
2	10	7	70
3	20	8	90
4	30	9	100
5	50	—	—

表 6.11　预测集样本划分

样本编号	10	11
$\varphi_{柴油}/\%$	40	80

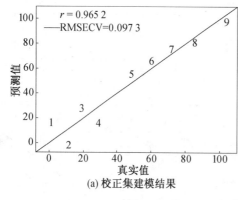

(a) 校正集建模结果

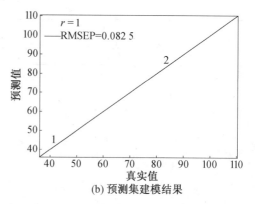

(b) 预测集建模结果

图 6.8　E—iPLS 含油量定量分析模型预测结果

由图 6.8 可知,E—iPLS 含油量定量分析模型建模结果显示,校正集相关系数和均方根误差分别为 0.965 2 和 0.097 3,预测集相关系数和均方根误差分别为 1 和 0.082 5。

2. N—iPLS 定量分析模型建立

(1)含聚量定量分析模型。

N—iPLS 所建立标准液含聚量定量分析模型校正集和预测集样本划分见表 6.12 和表 6.13,模型预测结果如图 6.9 所示。

表 6.12　校正集样本划分

样本编号	$c_{聚}/(\mathrm{mg \cdot L^{-1}})$	样本编号	$c_{聚}/(\mathrm{mg \cdot L^{-1}})$
1	0	5	20
2	5	6	25
3	10	7	30
4	15	8	35

续表 6.12

样本编号	$c_{聚}/(\mathrm{mg \cdot L^{-1}})$	样本编号	$c_{聚}/(\mathrm{mg \cdot L^{-1}})$
9	50	14	75
10	55	15	85
11	60	16	90
12	65	17	100
13	70	—	—

表 6.13　预测集样本划分

样本编号	18	19
$c_{聚}/(\mathrm{mg \cdot L^{-1}})$	40	80

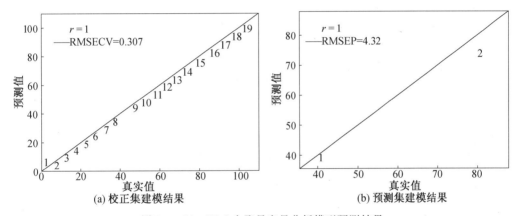

图 6.9　N-iPLS 含聚量定量分析模型预测结果

由图 6.9 可知,N-iPLS 含聚量定量分析模型建模结果显示,校正集相关系数和均方根误差分别为 1 和 0.307,预测集相关系数和均方根误差分别为 1 和 4.32。其中,校正集均方根误差远小于预测集均方根误差,说明校正集数据间存在较强相关性,导致预测结果存在过拟合现象。

(2)含油量定量分析模型。

N-iPLS 所建立标准液含油量定量分析模型校正集和预测集样本划分见表 6.14 和表 6.15,模型预测结果如图 6.10 所示。

表 6.14　校正集样本划分

样本编号	$\varphi_{柴油}/\%$	样本编号	$\varphi_{柴油}/\%$
1	0	6	25
2	5	7	30
3	10	8	35
4	15	9	50
5	20	10	55

续表 6.14

样本编号	$\varphi_{柴油}/\%$	样本编号	$\varphi_{柴油}/\%$
11	60	15	85
12	65	16	90
13	70	17	100
14	75	—	—

表 6.15　预测集样本划分

样本编号	18	19
$\varphi_{柴油}/\%$	40	80

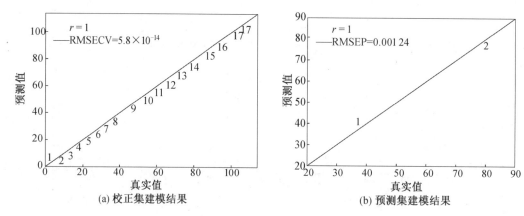

图 6.10　N−iPLS 含油量定量分析模型预测结果

由图 6.10 可知,N−iPLS 含油量定量分析模型建模结果显示,校正集相关系数和均方根误差分别为 1 和 5.8×10^{-14},预测集相关系数和均方根误差分别为 1 和 0.000 332。其中,校正集均方根误差远小于预测集均方根误差,说明校正集数据间存在较强相关性,导致预测结果存在过拟合现象。

3. E−N−iPLS 定量分析模型建立

(1)含聚量定量分析模型。

E−N−iPLS 所建立标准液含聚量定量分析模型校正集和预测集样本划分见表 6.16和表 6.17,其中折射率数据由 Newton 混合规则求解得到的样本编号为 2、4、5、8、9、10号,由双厚度反演模型求解得到的折射率样本编号为 1、3、6、7、11 号。模型预测结果如图6.11 所示。

表 6.16 校正集样本划分

样本编号	$c_{聚}/(mg \cdot L^{-1})$	样本编号	$c_{聚}/(mg \cdot L^{-1})$
1	0	6	60
2	10	7	70
3	20	8	90
4	30	9	100
5	50	—	—

表 6.17 预测集样本划分

样本编号	10	11
$c_{聚}/(mg \cdot L^{-1})$	40	80

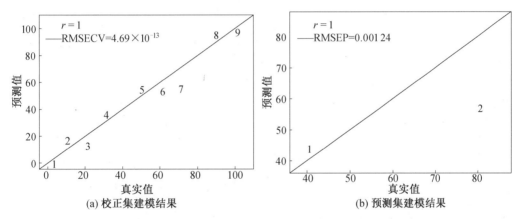

(a) 校正集建模结果   (b) 预测集建模结果

图 6.11 E—N—iPLS 含聚量定量分析模型预测结果

由图 6.11 可知,E—N—iPLS 含聚量定量分析模型预测结果较好,预测精度优于 E—iPLS 定量分析模型。校正集相关系数和均方根误差分别为 0.984 7 和 6.56,预测集相关系数和均方根误差分别为 1 和 16.5。

(2)含油量定量分析模型。

E—N—iPLS 所建立标准液含油量定量分析模型校正集和预测集样本划分见表 6.18 和表 6.19,其中折射率数据由 Newton 混合规则求解得到的样本编号为 2、4、5、8、9、10 号,由双厚度反演模型求解得到的折射率样本编号为 1、3、6、7、11 号。模型预测结果如图 6.12 所示。

表 6.18　校正集样本划分

样本编号	$\varphi_{柴油}$/%	样本编号	$\varphi_{柴油}$/%
1	0	6	60
2	10	7	70
3	20	8	90
4	30	9	100
5	50	—	—

表 6.19　预测集样本划分

样本编号	10	11
$\varphi_{柴油}$/%	40	80

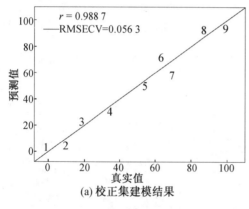
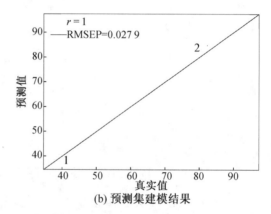

(a) 校正集建模结果　　　(b) 预测集建模结果

图 6.12　E−N−iPLS 含油量定量分析模型预测结果

由图 6.12 可知,E−N−iPLS 含油量定量分析模型预测结果较好,预测精度优于 E−iPLS 定量分析模型。校正集相关系数和均方根误差分别为 0.988 7 和 0.056 3,预测集相关系数和均方根误差分别为 1 和 0.027 9。

6.4.2　多光谱信息融合 SiPLS 定量分析模型建立

1. E−SiPLS 定量分析模型建立

(1)含聚量定量分析模型。

E−SiPLS 所建立标准液含聚量定量分析模型校正集和预测集样本划分见表 6.8 和表 6.9,模型预测结果如图 6.13 所示。

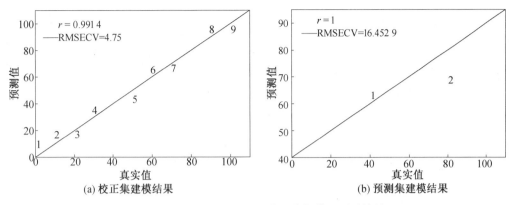

图 6.13　E－SiPLS 含聚量定量分析模型预测结果

由图 6.13 可知,E－SiPLS 含聚量定量分析模型最佳联合子区间为[8 12 20],最佳子区间组合数为 3,其校正集相关系数和均方根误差分别为 0.991 4 和 4.75,预测集相关系数和均方根误差分别为 1 和 16.452 9。

(2)含油量定量分析模型。

E－SiPLS 所建立标准液含油量定量分析模型校正集和预测集样本划分见表 6.10 和表 6.11,模型预测结果如图 6.14 所示。

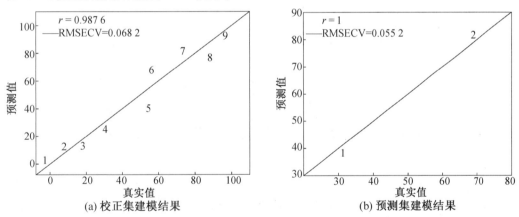

图 6.14　E－SiPLS 含油量定量分析模型预测结果

由图 6.14 可知,E－SiPLS 含油量定量分析模型最佳联合子区间为[13 19 20],最佳子区间组合数为 3,其校正集相关系数和均方根误差分别为 0.987 6 和 0.068 2,预测集相关系数和均方根误差分别为 1 和 0.055 2。

2. N－SiPLS 定量分析模型建立

(1)含聚量定量分析模型。

N－SiPLS 所建立标准液含聚量定量分析模型校正集和预测集样本划分见表 6.12 和表 6.13,模型预测结果如图 6.15 所示。

由图 6.15 可知,N－SiPLS 含聚量定量分析模型最佳联合子区间为[3 5 10],最佳子区间组合数量为 3,其校正集相关系数和均方根误差分别为 1 和 4.69×10^{-5},预测集相关系数和均方根误差分别为 1 和 0.179。

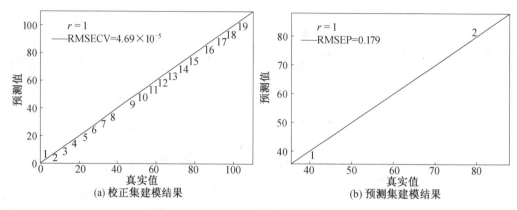

图 6.15　N－SiPLS 定量分析模型预测结果

（2）含油量定量分析模型。

N－SiPLS 所建立标准液含油量定量分析模型校正集和预测集样本划分见表 6.14 和表 6.15，模型预测结果如图 6.16 所示。

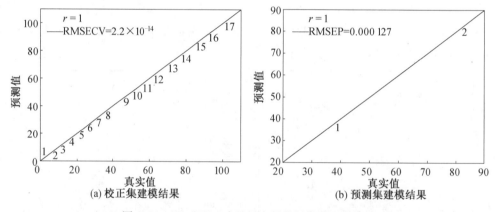

图 6.16　N－SiPLS 含油量定量分析模型预测结果

由图 6.16 可知，N－SiPLS 含油量定量分析模型最佳联合子区间为[11 21 28]，最佳子区间组合数量为 3，其校正集相关系数和均方根误差分别为 1 和 2.2×10^{-14}，预测集相关系数和均方根误差分别为 1 和 0.000 127。

3. E－N－SiPLS 定量分析模型建立

（1）含聚量定量分析模型。

E－N－SiPLS 所建立标准液含聚量定量分析模型校正集和预测集样本划分见表 6.16 和 6.17，模型预测结果如图 6.17 所示。

由图 6.17 可知，E－N－SiPLS 含聚量定量分析模型最佳联合子区间为[4 16 19]，最佳子区间组合数量为 3，其校正集相关系数和均方根误差分别为 0.991 3 和 4.66，预测集相关系数和均方根误差分别为 1 和 13.074 4。

（2）含油量定量分析模型。

E－N－SiPLS 所建立标准液含油量定量分析模型校正集和预测集样本划分见表 6.18 和 6.19，模型预测结果如图 6.18 所示。

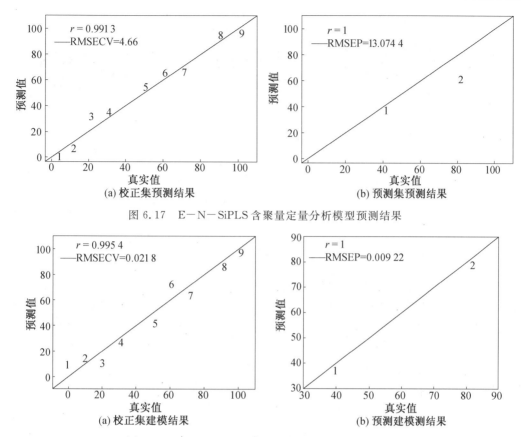

图 6.17　E－N－SiPLS 含聚量定量分析模型预测结果

图 6.18　E－N－SiPLS 含聚量定量分析模型预测结果

由图 6.18 可知，E－N－SiPLS 含聚量定量分析模型最佳联合子区间为[2 36 40]，最佳子区间组合数量为3，其校正集相关系数和均方根误差分别为 0.995 4 和 0.021 8，预测集相关系数和均方根误差分别为 1 和 0.009 22。含油量建模结果对比见表 6.20。

由表 6.20 可知，当采取相同特征区间选取方法和数据组合方法时，多光谱融合信息建模均方根误差明显小于单谱源建模，即多光谱信息融合建模结果优于单谱源建模。所以本章后续建模采用基于 Newton 混合规则的多光谱信息融合的 E－N－SiPLS 定量分析模型对油田回注水含油量进行研究。

表 6.20　含油量建模结果对比

谱源	建模方法	模型评价指标			
		r_v	RMSECV	r_p	RMSEP
单谱源－iPLS	N	1	5.93×10^{-13}	1	0.002 74
	E+N	0.971 3	0.087 2	1	0.063 0
单谱源－SiPLS	N	1	4.96×10^{-13}	1	0.001 24
	E+N	0.980 2	0.070 1	1	0.036 8

续表 6.20

谱源	建模方法	模型评价指标			
		r_v	RMSECV	r_p	RMSEP
多光谱－iPLS	E	0.965 2	0.097 3	1	0.082 5
	N	1	5.8×10^{-14}	1	0.000 332
	E＋N	0.988 7	0.056 3	1	0.027 9
多光谱－SiPLS	E	0.987 6	0.068 2	1	0.055 2
	N	1	2.2×10^{-14}	1	0.000 127
	E＋N	0.995 4	0.021 8	1	0.009 22

6.4.3　光谱预处理对建模影响分析

1. 聚丙烯酰胺溶液光谱数据预处理

根据 4.1 节介绍的光谱预处理方法对聚丙烯酰胺溶液光谱数据进行平滑处理,预处理后的光谱数据定量分析结果如图 6.19～6.22 所示,不同光谱预处理建模分析结果见表6.21。

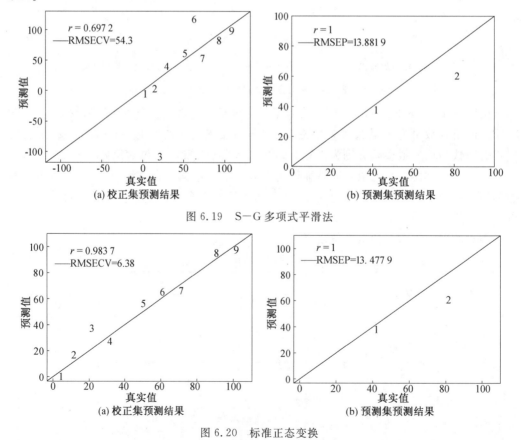

图 6.19　S－G 多项式平滑法

图 6.20　标准正态变换

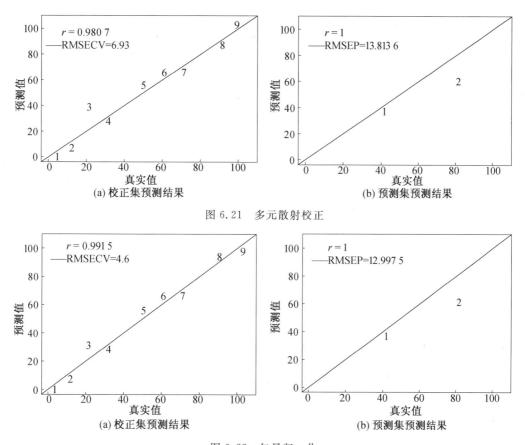

图 6.21　多元散射校正

图 6.22　矢量归一化

表 6.21　不同光谱预处理建模分析结果

光谱预处理	模型评价指标			
方法	r_v	RMSECV	r_p	RMSEP
S-G	0.697 2	54.30	1	13.88
SNV	0.983 7	6.38	1	13.48
MSC	0.980 7	6.93	1	13.81
VN	0.991 5	4.60	1	13.00

　　由表 6.21 可知,VN 光谱预处理后的定量建模结果优于其他三种方法,相关系数 r_v 与原始光谱建模结果相比明显增加,且均方根误差有所减小。

2. 油田回注水光谱数据预处理

　　根据 4.1 节介绍的光谱预处理方法对油田回注水光谱数据进行平滑处理,预处理后的光谱数据定量分析结果如图 6.23~6.26 所示,不同光谱预处理建模分析结果见表 6.22。

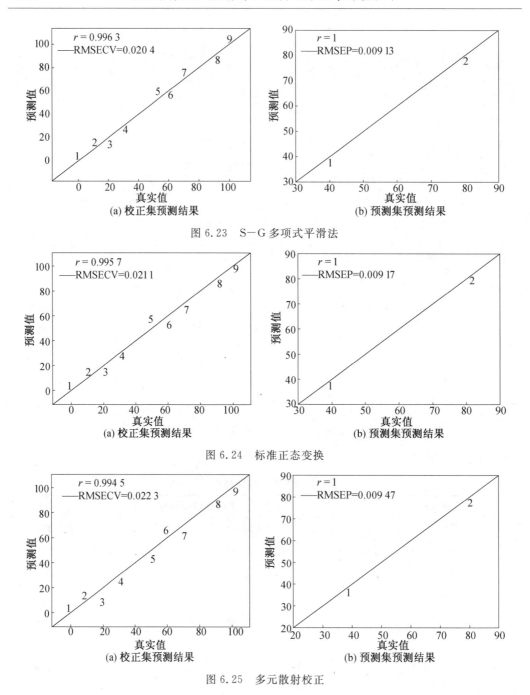

图 6.23　S—G 多项式平滑法

图 6.24　标准正态变换

图 6.25　多元散射校正

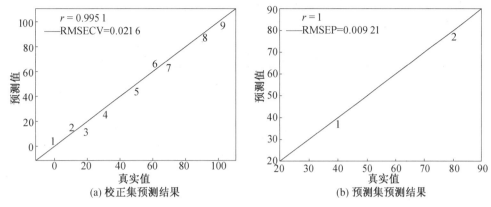

(a) 校正集预测结果　　　　　　　　(b) 预测集预测结果

图 6.26　矢量归一化

表 6.22　不同光谱预处理建模分析结果

光谱预处理方法	模型评价指标			
	r_v	RMSECV	r_p	RMSEP
S−G	0.996 3	0.020 4	1	0.009 13
SNV	0.995 7	0.021 1	1	0.009 17
MSC	0.994 5	0.022 3	1	0.009 47
VN	0.995 1	0.021 6	1	0.009 21

由表 6.22 可知,S−G 光谱预处理后的定量建模结果优于其他三种方法,相关系数 r_v 与原始光谱建模结果相比明显增加,且均方根误差有所减小。基于 S−G 光谱预处理的定量分析模型预测精度更高,所以本节建立的最优定量模型选择的光谱预处理方法为 S−G 卷积降噪平滑法。

6.5　多光谱信息融合建模回注水含油量分析

基于 6.3 节所建立光谱信息融合最优含油量定量分析模型,将光谱数据进行 S−G 光谱预处理后进行回注水含油量定量分析建模。校正集和预测集样本划分见表 6.23 和表 6.24,其中双厚度反演模型求解折射率样本编号为 2、4、6、7、10 号,Newton 混合规则求解折射率样本编号为 1、3、5、8、9 号,研究了划分区间对建模结果的影响,如图 6.27 所示。各区间回注水含油量定量分析结果见表 6.25。

表 6.23　校正集样本划分

样本编号	含油量/(mg·L^{-1})	样本编号	含油量/(mg·L^{-1})
1	56.00	5	28.00
2	46.67	6	18.67
3	40.00	7	14.00
4	37.33	8	12.44

表 6.24　预测集样本划分

样本编号	含油量/$(mg \cdot L^{-1})$	样本编号	含油量/$(mg \cdot L^{-1})$
9	20	10	9.33

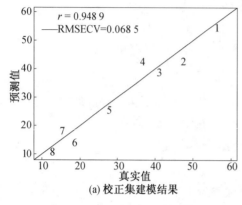 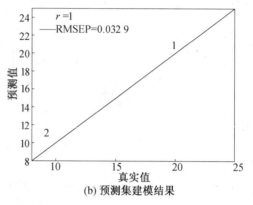

(a) 校正集建模结果　　　　　　　(b) 预测集建模结果

图 6.27　回注水含油量分析

由图 6.27 可知,校正集相关系数和均方根误差分别为 0.948 9 和 0.068 5,预测集相关系数和均方根误差分别为 1 和 0.032 9。与单谱源折射率所建模型预测结果相比,其预测集均方根误差明显降低,并且预测集误差和校正集误差较为接近,说明该模型预测效果较好。

表 6.25　不同区间划分定量分析模型的预测结果

区间划分	最佳子区间	真实值	预测值	相对误差
10	[1 2 8]	20.00	19.275 5	0.036 2
		9.33	12.800 3	0.372 0
20	[1 2 3]	20.00	21.979 7	0.098 9
		9.33	11.960 3	0.281 9
30	[2 3 4]	20.00	22.770 2	0.138 5
		9.33	12.342 6	0.321 0
40	[1 3 4]	20.00	17.951 6	0.102 4
		9.33	12.962 2	0.389 3
50	[1 4 5]	20.00	17.321 8	0.133 9
		9.33	12.210 8	0.308 8

由表 6.25 可知,经多光谱信息融合 SiPLS 定量模型计算分析,当主乘分为 3 时,将全波段划分为 20 个子区间为最佳划分方式,该模型对回注水含油量预测为 21.979 7 mg/L 和 11.960 3 mg/L。预测集相关系数为 1,均方根误差为 0.032 9,预测效果较好,能较为准确地反映出回注水中的含油量。

6.6　本章小结

本章基于 Newton 混合规则,建立了单谱源含油量定量分析模型,并以回注水加以进行验证。结果表明,结合基于 Newton 混合规则建立的单谱源含油量定量分析模型预测结果明显优于第 5 章所建立的单谱源含油量定量分析模型,解决了回注水样本间相关性差的问题。

另外,建立了标准液的多光谱信息融合定量分析模型,确定了多光谱信息融合最优定量分析模型:基于 Newton 混合规则多光谱信息融合 E-N-SiPLS 模型。将所确定最优单谱源含油量定量分析模型和多光谱信息融合含油量定量分析模型建模结果进行对比。结果发现,基于多光谱信息融合的 E-N-SiPLS 定量分析模型预测结果最好,多光谱信息融合法可以包含更多特征光谱信息,改善模型的预测效果。

多光谱信息融合 E-N-SiPLS 定量分析模型对回注水含油量预测也较为准确,其预测结果相关系数和均方根误差分别为 1 和 0.032 9,说明基于多光谱信息融合的含油量定量分析建模可准确分析回注水中含油量,并可成为含油量定量分析的有效手段。

第7章 光谱测量影响因素分析

光谱法检测油田含油含聚污水时,光谱信息会受到环境因素的干扰,从而影响光谱法检测含油量的稳定性、准确性以及检测精度。本章以大庆某联合站回注水为研究对象,首先,测量了不同温度和 pH 下回注水的紫外透射光谱和红外透射光谱,探究了环境参量对回注水光谱信息及光学常数的影响规律;其次,拟合了不同温度和 pH 下光谱信息和含油量的关系并对含油量建立补偿;最后,根据不同温度及 pH 下回注水光谱信息建立了回注水含油量定量分析模型,考察了环境参量对回注水中含油量定量分析模型的影响。

7.1 温度对光谱法检测的影响

7.1.1 温度对紫外透射光谱法检测的影响

1. 温度对聚丙烯酰胺溶液紫外透射光谱的影响

首先利用 APTC−2 帕尔贴恒温控制器和 TU−1900 双光束紫外可见分光光度计搭建恒温实验台。具体实验操作步骤如下:

(1)用移液枪吸取聚丙烯酰胺溶液注入不同光学腔长度的比色皿中,再将比色皿放入光谱仪中;

(2)开启恒温控制器,将温度设定为所需温度值,通过对循环水加热进而对比色皿中聚丙烯酰胺溶液进行加热;

(3)当恒温控制器温度达到设定值时,待温度稳定 2 min 后,对聚丙烯酰胺溶液透射光谱进行测量;

(4)重复上述操作步骤,分别获得 20 ℃、30 ℃、40 ℃、50 ℃、60 ℃和 70 ℃下聚丙烯酰胺溶液的紫外透射光谱,如图 7.1 所示。

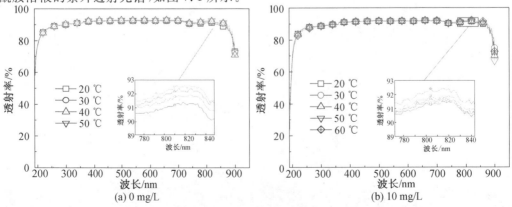

图 7.1 不同浓度含聚污水在不同温度下的紫外透射光谱

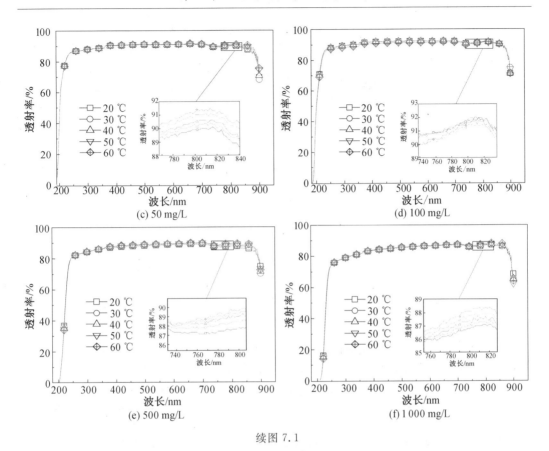

续图 7.1

由图 7.1 可知,温度对不同质量浓度含聚污水的紫外透射光谱影响较小,不同温度下含聚污水的透射光谱吸收波段和高透波段均没有变化,在波长 200～760 nm 范围内,含聚污水的透射率随温度变化很小,整体透射率随温度升高而增大。在波长 760～900 nm 范围内,温度对含聚污水透射率影响较大,但不同质量浓度含聚污水的透射率随温度变化不一,整体随温度的升高透射率不断增大。

上述现象表明,温度对含聚污水紫外波段和可见光波段影响较小,对近红外波段影响较大。

2. 温度对聚丙烯酰胺溶液光学常数的影响

根据 5.1.1 节获得的质量浓度为 500 mg/L 的不同温度含聚污水的红外透射光谱,其液体厚度为 0.05 mm。利用透射法结合 KK 关系式构建的液体单厚度反演模型计算不同温度含聚污水的光学常数。由于温度对含聚污水紫外透射光谱影响较小,故本节不计算不同温度下含聚污水紫外波段下的光学常数。红外波段 2 400～2 800 cm^{-1} 范围内含聚污水的吸收指数 k 和折射率 n 见表 7.1 和表 7.2,光学常数如图 7.2 所示。

表 7.1　不同温度下质量浓度为 500 mg/L 的含聚污水的吸收指数

波数/cm^{-1}	吸收指数					
	20 ℃	30 ℃	40 ℃	50 ℃	60 ℃	70 ℃
2 423	5.37×10^{-3}	5.07×10^{-3}	4.78×10^{-3}	4.49×10^{-3}	3.92×10^{-3}	3.68×10^{-3}
2 452	4.82×10^{-3}	4.53×10^{-3}	4.08×10^{-3}	3.86×10^{-3}	3.82×10^{-3}	3.29×10^{-3}
2 480	3.96×10^{-3}	3.72×10^{-3}	3.46×10^{-3}	3.17×10^{-3}	2.74×10^{-3}	2.64×10^{-3}
2 509	3.46×10^{-3}	3.24×10^{-3}	2.92×10^{-3}	2.79×10^{-3}	2.69×10^{-3}	2.24×10^{-3}
2 538	3.22×10^{-3}	3.05×10^{-3}	2.94×10^{-3}	2.67×10^{-3}	2.29×10^{-3}	2.48×10^{-3}
2 567	2.92×10^{-3}	2.73×10^{-3}	2.43×10^{-3}	2.47×10^{-3}	2.43×10^{-3}	1.85×10^{-3}
2 596	2.41×10^{-3}	2.29×10^{-3}	2.15×10^{-3}	2.00×10^{-3}	1.78×10^{-3}	1.84×10^{-3}
2 625	2.36×10^{-3}	2.27×10^{-3}	2.04×10^{-3}	2.09×10^{-3}	2.04×10^{-3}	1.64×10^{-3}
2 654	2.57×10^{-3}	2.55×10^{-3}	2.46×10^{-3}	2.31×10^{-3}	2.08×10^{-3}	2.36×10^{-3}
2 683	2.78×10^{-3}	2.68×10^{-3}	2.48×10^{-3}	2.54×10^{-3}	2.49×10^{-3}	2.01×10^{-3}
2 712	2.88×10^{-3}	2.80×10^{-3}	2.70×10^{-3}	2.62×10^{-3}	2.42×10^{-3}	2.41×10^{-3}
2 741	3.51×10^{-3}	3.42×10^{-3}	3.26×10^{-3}	3.20×10^{-3}	3.18×10^{-3}	2.79×10^{-3}
2 770	4.46×10^{-3}	4.35×10^{-3}	4.25×10^{-3}	4.12×10^{-3}	3.83×10^{-3}	3.86×10^{-3}
2 799	5.46×10^{-3}	5.36×10^{-3}	5.10×10^{-3}	4.95×10^{-3}	4.83×10^{-3}	4.40×10^{-3}

表 7.2　不同温度下质量浓度为 500 mg/L 的含聚污水的折射率

波数/cm^{-1}	折射率					
	20 ℃	30 ℃	40 ℃	50 ℃	60 ℃	70 ℃
2 423	1.332 97	1.348 10	1.357 15	1.369 51	1.372 76	1.378 14
2 452	1.331 13	1.346 41	1.355 60	1.367 66	1.371 23	1.377 33
2 480	1.330 14	1.345 44	1.354 74	1.367 20	1.370 56	1.376 29
2 509	1.329 96	1.345 33	1.354 65	1.366 93	1.370 62	1.376 67
2 538	1.329 65	1.344 98	1.354 38	1.366 95	1.370 22	1.376 03
2 567	1.329 40	1.344 81	1.354 12	1.366 38	1.370 23	1.376 20
2 596	1.329 35	1.344 74	1.354 15	1.366 62	1.370 03	1.375 98
2 625	1.329 70	1.345 13	1.354 48	1.366 78	1.370 54	1.376 50
2 654	1.329 70	1.345 03	1.354 47	1.366 95	1.370 22	1.376 17
2 683	1.329 55	1.344 93	1.354 29	1.366 51	1.370 32	1.376 17
2 712	1.329 45	1.344 78	1.354 20	1.366 59	1.370 04	1.376 00
2 741	1.329 34	1.344 72	1.354 12	1.366 36	1.370 06	1.376 04
2 770	1.328 24	1.343 57	1.352 99	1.365 43	1.368 87	1.374 81
2 799	1.324 10	1.339 58	1.349 14	1.361 56	1.365 35	1.371 62

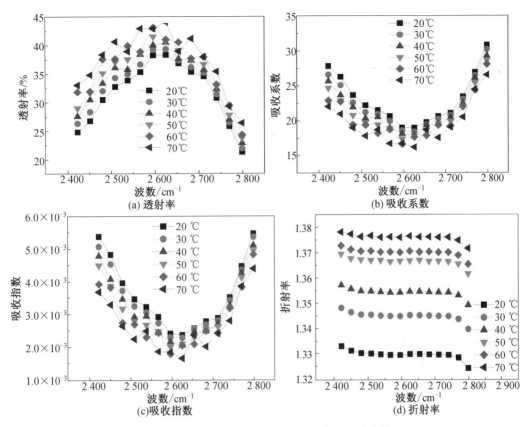

图 7.2　不同温度 500 mg/L 含聚污水的光学常数

由图 7.2(a)和(b)可知,含聚污水透射率随温度升高不断增大,吸收系数则随温度升高而减小,在 2 400~2 700 cm^{-1} 波段范围内变化较大,在 2 700~2 800 cm^{-1} 波段范围内变化较小,含聚污水吸收系数范围是 15.895 9~31.108 1。由图 7.2(c)和(d)可知,温度对含聚污水光学常数影响较大。不同温度含聚污水的吸收指数 k 均呈现先下降后升高的趋势,随温度的升高含聚污水吸收指数逐渐减小,在 2 400~2 700 cm^{-1} 波段范围内随温度升高吸收指数下降趋势较大,在 2 700~2 800 cm^{-1} 波段范围内下降趋势较小。在 20~70 ℃范围内,含聚污水的吸收指数 k 值范围是 0.001 563~0.005 826。在 2 400~2 800 cm^{-1} 波段范围内,不同温度含聚污水的折射率曲线均呈现先下降再稳定后下降的趋势,随温度的升高含聚污水折射率逐渐升高,在 20~70 ℃温度范围内,含聚污水的折射率 n 值范围是 1.324 10~1.380 93。

3. 温度对回注水紫外透射光谱的影响分析

回注水样本见表 7.3。具体实验操作步骤同聚丙烯酰胺溶液紫外透射光谱测量。以 1 号回注水水样为例,分析了光学腔长度为 5 mm 和 10 mm 条件下温度对回注水紫外透射光谱的影响。不同温度下回注水紫外透射光谱如图 7.3 和图 7.4 所示。

表 7.3　回注水样本及编号

样本编号	含油量/(mg·L⁻¹)	样本编号	含油量/(mg·L⁻¹)	样本编号	含油量/(mg·L⁻¹)	样本编号	含油量/(mg·L⁻¹)
1	56.00	4	37.33	7	20.00	10	8.00
2	50.91	5	31.11	8	16.00	—	—
3	46.67	6	28.00	9	11.20	—	—

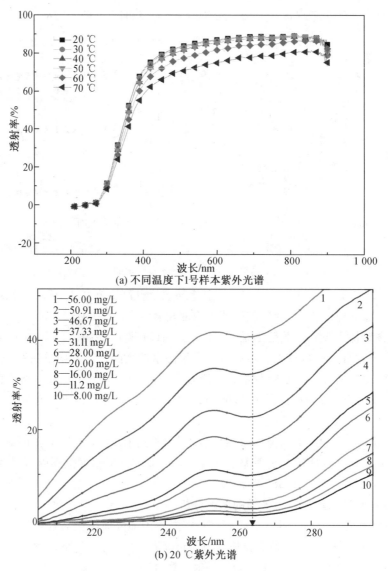

(a) 不同温度下1号样本紫外光谱

1—56.00 mg/L
2—50.91 mg/L
3—46.67 mg/L
4—37.33 mg/L
5—31.11 mg/L
6—28.00 mg/L
7—20.00 mg/L
8—16.00 mg/L
9—11.2 mg/L
10—8.00 mg/L

(b) 20 ℃紫外光谱

图 7.3　5 mm 光学腔长度紫外透射光谱

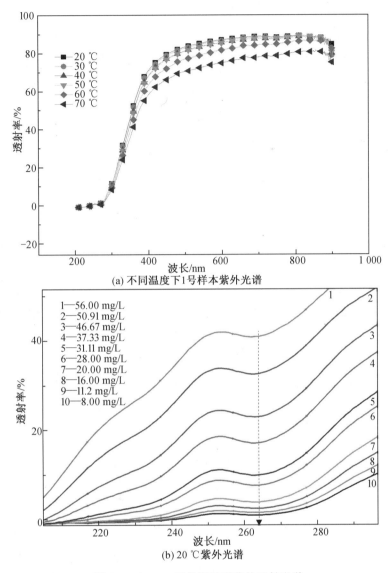

(a) 不同温度下1号样本紫外光谱

(b) 20 ℃紫外光谱

图 7.4　10 mm 光学腔长度紫外透射光谱

　　由图 7.3 可知,当光学腔长度为 5 mm 时,随温度的升高,回注水透射率逐渐下降。当温度为 20 ℃时,回注水透射率随着含油量的增加逐渐降低。由图 7.4 可知,当光学腔长度为 10 mm 时,回注水的透射率随温度的升高而逐渐降低。当温度为 20 ℃时,回注水的透射率值与含油量呈正相关,即回注水含油量越高,其紫外透射光谱透射率值越小。

4. 温度—回注水透射率关系拟合

　　以光学腔长度为 5 mm、含油量为 56.00 mg/L 的 1 号回注水水样为例,分别采用 260 nm、400 nm 和 600 nm 处的紫外透射光谱透射率与温度的变化关系进行分析。其紫外透射光谱透射率与温度的关系分别如图 7.5～7.7 所示。

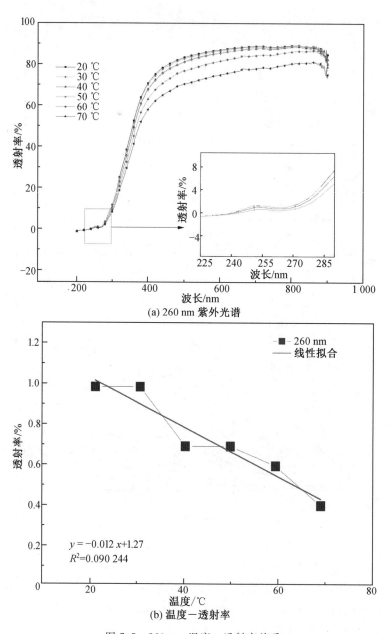

(a) 260 nm 紫外光谱

$y = -0.012\,x + 1.27$
$R^2 = 0.090\,244$

(b) 温度—透射率

图 7.5　260 nm 温度—透射率关系

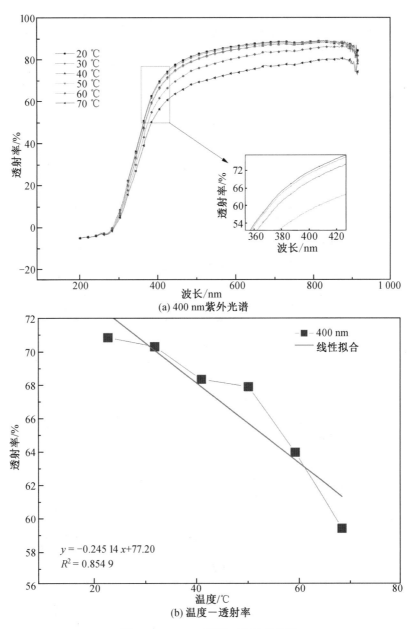

(a) 400 nm紫外光谱

$y = -0.245\ 14\ x + 77.20$
$R^2 = 0.854\ 9$

(b) 温度－透射率

图 7.6　400 nm 温度－透射率关系

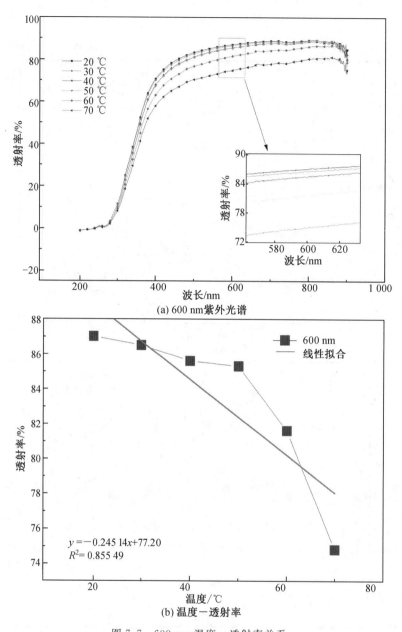

(a) 600 nm 紫外光谱

(b) 温度—透射率

图 7.7　600 nm 温度—透射率关系

由图 7.5～7.7 可知,在 260 nm、400 nm 和 600 nm 处,随着温度的升高,紫外透射光谱透射率数值逐渐降低,温度与透射率呈负相关。在 400 nm 处温度对回注水紫外波段透射率的影响高于 260 nm 和 600 nm 波段处。

当回注水含油量为 56.00 mg/L 时,回注水在 260 nm、400 nm 和 600 nm 处的透射率和温度的拟合关系式分别为

$$y = 0.012x + 1.27 \tag{7.1}$$

$$y = -0.25x + 77.20 \tag{7.2}$$

$$y=-0.22x+93.24 \tag{7.3}$$

5. 不同温度条件下回注水透射率补偿

基于 7.1.1 节温度对回注水紫外透射光谱的影响，以 5 号、7 号及 9 号回注水水样进行分析，不同温度下回注水透射率见表 7.4，温度—透射率关系如图 7.8 所示。

表 7.4　不同温度下回注水透射率

波长	含油量/(mg·L⁻¹)	透射率/%					
		20 ℃	30 ℃	40 ℃	50 ℃	60 ℃	70 ℃
260 nm	31.11	7.8	7.7	6.9	7.4	6.8	6.5
	20.00	17.3	16.5	15.5	16.7	16	14.5
	11.20	32.8	31.4	29.9	31.5	30.7	27.8
400 nm	31.11	77.5	77.9	74	74	67.1	63.1
	20.00	79.9	78.9	77.5	77.5	71.1	64.2
	11.20	83.1	81.8	81.3	78.5	73.3	65.6
600 nm	31.11	88.3	89.2	86	85.7	78.4	71.9
	20.00	88.6	88.1	87.2	86.4	79	70.3
	11.20	89.7	88.7	88.5	85.2	78.7	69.4

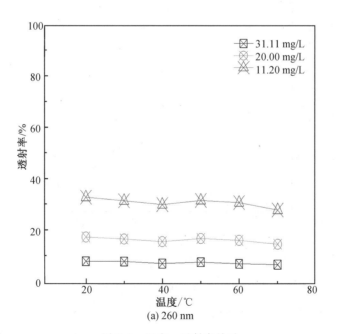

(a) 260 nm

图 7.8　温度—透射率关系

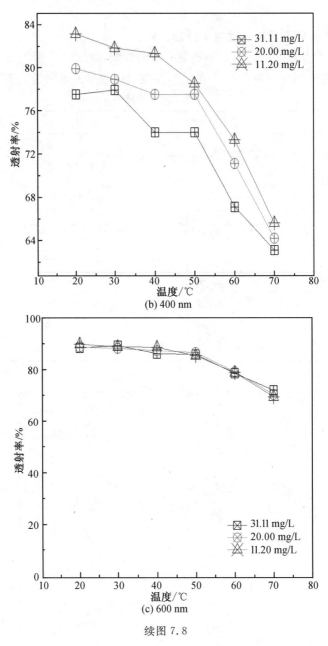

续图 7.8

　　由图 7.8 可知,当回注水中含油量为定值时,透射率 T 与温度 K 呈线性变化关系,通过线性回归分析可计算得出回注水的回归系数 a 和 b,其结果见表 7.5。

表 7.5　回归系数 a 和 b

含油量 /(mg·L⁻¹)	260 m		400 nm		600 nm	
	斜率 a	常数 b	斜率 a	常数 b	斜率 a	常数 b
31.11	−0.024 9	8.309 1	−0.298 3	85.689 5	−0.327 7	97.997 1
20.00	−0.040 9	17.921 9	−0.291 1	87.951 4	−0.341 7	98.643 8
11.20	−0.072 9	33.961 9	−0.330 9	92.155 2	−0.385 1	100.698 1

根据表 7.5 回归系数 a 和 b 数据和式(7.4)可以求出回归系数 a 和 b 的变化率，即 k_a 和 k_b，结果见表 7.6。

$$k_a = \frac{a_{c1} - a_{c2}}{\rho_2 - \rho_1}, \quad k_b = \frac{b_{c1} - b_{c2}}{\rho_2 - \rho_1} \tag{7.4}$$

表 7.6　回归系数 a 和 b 变化率

含油量/(mg·L⁻¹)	变化率(k)	波长		
		260 nm	400 nm	600 nm
11.20~20.00	k_a	0.003 6	0.004 5	0.004 9
	k_b	−1.822 7	−0.477 7	0.233 4
20.00~31.11	k_a	0.001 44	−0.000 648	0.001 26
	k_b	−0.865 2	−0.203 6	0.582 0

由表 7.6 可知，含油量在 11.20~30.11 mg/L 范围内，260 nm 处 a 和 b 变化率平均值分别为 0.002 54 和 −1.343 9；400 nm 处 a 和 b 变化率平均值分别为 0.001 937 和 −0.340 6；600 nm 处 a 和 b 变化率平均值分别为 0.003 096 和 −0.145 8。基于 a 和 b 变化率平均值，可以求出含油量为 ρ_0 的回注水回归系数 a_0 和 b_0，则以 20 ℃ 为参考，含油量为 ρ_0 回注水透射率－温度补偿公式为

260 nm 波长处：

$$y = (0.002\ 5\rho_0 - 0.124\ 0)K - 1.343\ 9\rho_0 + 48.708\ 7 \tag{7.5}$$

400 nm 波长处：

$$y = (0.001\ 937\rho_0 - 0.235\ 3)K - 0.340\ 6\rho_0 + 74.250\ 5 \tag{7.6}$$

600 nm 波长处：

$$y = (0.003\ 096\rho_0 - 0.211\ 3)K - 0.145\ 8\rho_0 + 95.135\ 2 \tag{7.7}$$

式中　y——含油污水透射率，%；

　　　ρ_0——含油量，mg/L；

　　　K——实时温度，℃；

6. 温度对回注水光学常数的影响

根据 7.1.1 节测量得到的回注水的紫外透射光谱数据，利用 2.3.1 节建立的光学常数双厚度反演模型，求解了 390~850 nm 范围内回注水的折射率 n 和吸收指数 k。以 1

号水样为例,探究温度对回注水折射率 n 和吸收指数 k 的影响,如图 7.9 所示。

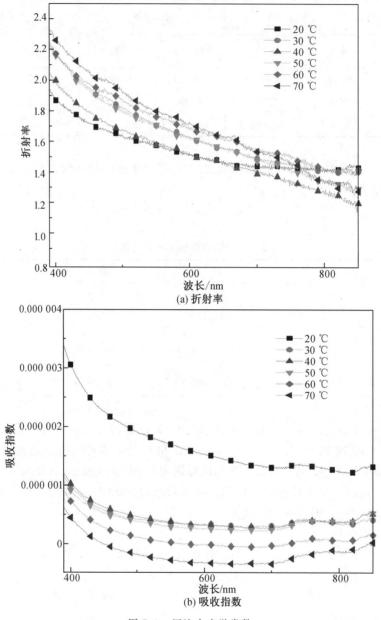

(a) 折射率

(b) 吸收指数

图 7.9　回注水光学常数

由图 7.9(a)可知,当回注水含油量为 56.00 mg/L 时,不同温度下折射率 n 随波长的增加逐渐降低。随温度的升高,折射率 n 逐渐增大。当温度为 70 ℃时,回注水折射率 n 最大。由图 7.9(b)可知,不同温度下回注水吸收指数 k 变化趋势相同。随温度的升高,吸收指数 k 逐渐降低,温度为 70 ℃时回注水吸收指数 k 最小,其数值整体在 $-3.5178 \times 10^{-7} \sim 6.2872 \times 10^{-7}$ 范围内变化。

7.1.2　温度对红外透射光谱法检测的影响

1. 温度对聚丙烯酰胺溶液红外透射光谱的影响

利用中红外温度控制器(ATR 系列)、液体循环装置和 IRTracer－100 傅里叶变换红外透射光谱仪搭建恒温实验台。具体实验操作步骤如下。

(1)取一对 ZnSe 窗片(2 mm×ϕ32 mm)及厚度为 0.05 mm、0.1 mm 和 0.2 mm 的垫片;用移液枪吸取不同含聚量的聚丙烯酰胺溶液滴于光学窗片上,使聚丙烯酰胺溶液均匀分布在光学腔中。

(2)将光学腔放入可拆卸液体腔中,打开恒温控制器和液体循环装置的开关,通过设定实验所需温度对回注水加热到 20 ℃、30 ℃、40 ℃、50 ℃、60 ℃和 70 ℃;实时温度达到设定温度时,稳定 3 min,利用 IR Tracer－100 傅里叶红外透射光谱仪测量填充液体厚度分别为 0.05 mm、0.1 mm 和 0.2 mm 的聚丙烯酰胺溶液透射光谱,获得不同温度下聚丙烯酰胺溶液的红外透射光谱。

不同质量浓度 0 mg/L、50 mg/L、100 mg/L、500 mg/L、1000 mg/L 聚丙烯酰胺 A 溶液红外透射光谱如图 7.10 所示。

由图 7.10 可知,温度对不同质量浓度聚丙烯酰胺 A 溶液的透射光谱影响显著。在 1 880~2 000 cm⁻¹ 和 3 690~4 000 cm⁻¹ 波段范围内随着温度的升高,聚丙烯酰胺溶液透射率不断减小,在其他波段下,聚丙烯酰胺溶液的透射率均随温度的升高而增大。在温度 20~70 ℃ 范围内,聚丙烯酰胺溶液透射光谱图波峰和强吸收波段没有产生明显变化,说明温度对聚丙烯酰胺溶液本身结构没有产生影响,没有新键生成。其原因可能是温度升高分子热运动增强,使分子间隙变大,进而增大其透射率。

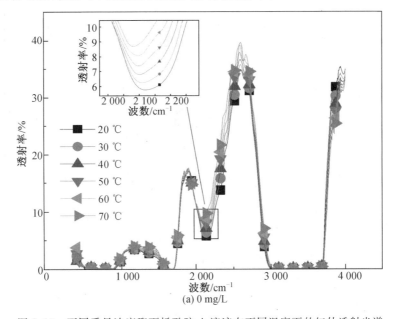

图 7.10　不同质量浓度聚丙烯酰胺 A 溶液在不同温度下的红外透射光谱

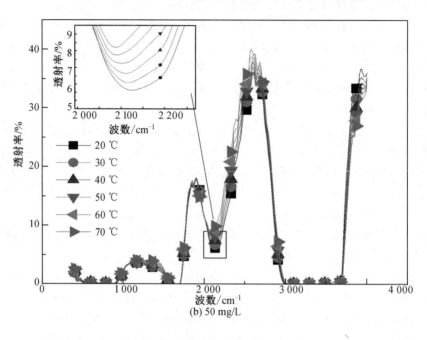

(b) 50 mg/L

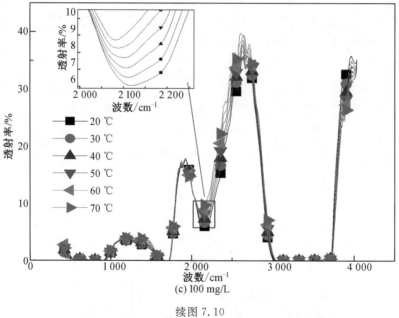

(c) 100 mg/L

续图 7.10

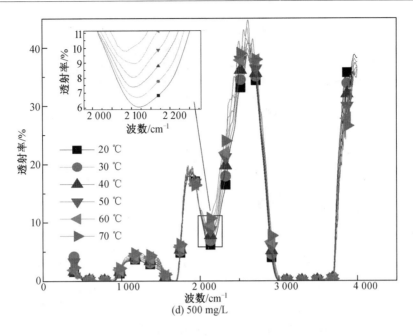

(d) 500 mg/L

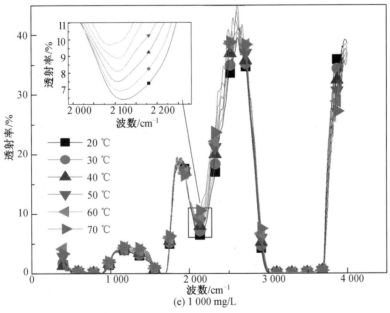

(e) 1 000 mg/L

续图 7.10

不同温度下质量浓度为 500 mg/L 聚丙烯酰胺 B 溶液的透射光谱如图 7.11 所示。由图 7.11 可知,聚丙烯酰胺 B 溶液与 A 溶液的透射率数值相差较小,且温度对二者的影响规律一致。因此,温度对于不同分子量的含聚污水影响趋势相同。

2. 温度对聚丙烯酰胺溶液光学常数的影响分析

根据 3.1.3 节获得的质量浓度为 500 mg/L 不同温度聚丙烯酰胺溶液的红外透射光谱,其液体厚度为 0.05 mm。利用透射法结合 KK 关系式构建的液体单厚度反演模型计

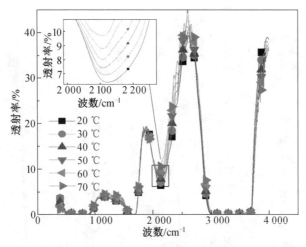

图 7.11　不同质量浓度聚丙烯酰胺 B 溶液在不同温度下的红外透射光谱

算不同温度聚丙烯酰胺溶液的光学常数。由于温度对聚丙烯酰胺溶液紫外透射光谱影响较小，故本节将不计算不同温度下聚丙烯酰胺溶液紫外波段下的光学常数。红外波段 $2\,400\sim2\,800\ \text{cm}^{-1}$ 范围内聚丙烯酰胺溶液的吸收指数 k 和折射率 n 见表 7.7 和 7.8。

表 7.7　不同温度下质量浓度为 500 mg/L 的聚丙烯酰胺溶液的吸收指数

波数/cm^{-1}	吸收指数					
	20 ℃	30 ℃	40 ℃	50 ℃	60 ℃	70 ℃
2 423	5.37×10^{-3}	5.07×10^{-3}	4.78×10^{-3}	4.49×10^{-3}	3.92×10^{-3}	3.68×10^{-3}
2 452	4.82×10^{-3}	4.53×10^{-3}	4.08×10^{-3}	3.86×10^{-3}	3.82×10^{-3}	3.29×10^{-3}
2 480	3.96×10^{-3}	3.72×10^{-3}	3.46×10^{-3}	3.17×10^{-3}	2.74×10^{-3}	2.64×10^{-3}
2 509	3.46×10^{-3}	3.24×10^{-3}	2.92×10^{-3}	2.79×10^{-3}	2.69×10^{-3}	2.24×10^{-3}
2 538	3.22×10^{-3}	3.05×10^{-3}	2.94×10^{-3}	2.67×10^{-3}	2.29×10^{-3}	2.48×10^{-3}
2 567	2.92×10^{-3}	2.73×10^{-3}	2.43×10^{-3}	2.47×10^{-3}	2.43×10^{-3}	1.85×10^{-3}
2 596	2.41×10^{-3}	2.29×10^{-3}	2.15×10^{-3}	2.00×10^{-3}	1.78×10^{-3}	1.84×10^{-3}
2 625	2.36×10^{-3}	2.27×10^{-3}	2.04×10^{-3}	2.09×10^{-3}	2.04×10^{-3}	1.64×10^{-3}
2 654	2.57×10^{-3}	2.55×10^{-3}	2.46×10^{-3}	2.31×10^{-3}	2.08×10^{-3}	2.36×10^{-3}
2 683	2.78×10^{-3}	2.68×10^{-3}	2.48×10^{-3}	2.54×10^{-3}	2.49×10^{-3}	2.01×10^{-3}
2 712	2.88×10^{-3}	2.80×10^{-3}	2.70×10^{-3}	2.62×10^{-3}	2.42×10^{-3}	2.41×10^{-3}
2 741	3.51×10^{-3}	3.42×10^{-3}	3.26×10^{-3}	3.20×10^{-3}	3.18×10^{-3}	2.79×10^{-3}
2 770	4.46×10^{-3}	4.35×10^{-3}	4.25×10^{-3}	4.12×10^{-3}	3.83×10^{-3}	3.86×10^{-3}
2 799	5.46×10^{-3}	5.36×10^{-3}	5.10×10^{-3}	4.95×10^{-3}	4.83×10^{-3}	4.40×10^{-3}

表 7.8　不同温度下质量浓度为 500 mg/L 的聚丙烯酰胺溶液的折射率

波数/cm⁻¹	折射率					
	20 ℃	30 ℃	40 ℃	50 ℃	60 ℃	70 ℃
2 423	1.332 97	1.348 10	1.357 15	1.369 51	1.372 76	1.378 14
2 452	1.331 13	1.346 41	1.355 60	1.367 66	1.371 23	1.377 33
2 480	1.330 14	1.345 44	1.354 74	1.367 20	1.370 56	1.376 29
2 509	1.329 96	1.345 33	1.354 65	1.366 93	1.370 62	1.376 67
2 538	1.329 65	1.344 98	1.354 38	1.366 95	1.370 22	1.376 03
2 567	1.329 40	1.344 81	1.354 12	1.366 38	1.370 23	1.376 20
2 596	1.329 35	1.344 74	1.354 15	1.366 62	1.370 03	1.375 98
2 625	1.329 70	1.345 13	1.354 48	1.366 78	1.370 54	1.376 50
2 654	1.329 70	1.345 03	1.354 47	1.366 95	1.370 22	1.376 17
2 683	1.329 55	1.344 93	1.354 29	1.366 51	1.370 32	1.376 17
2 712	1.329 45	1.344 78	1.354 20	1.366 59	1.370 04	1.376 00
2 741	1.329 34	1.344 72	1.354 12	1.366 36	1.370 06	1.376 04
2 770	1.328 24	1.343 57	1.352 99	1.365 43	1.368 87	1.374 81
2 799	1.324 10	1.339 58	1.349 14	1.361 56	1.365 35	1.371 62

　　由图 7.12(a)和(b)可知,聚丙烯酰胺溶液透射率随温度的升高不断增大,吸收系数则随温度升高而减小,在 2 400~2 700 cm⁻¹ 波段范围内变化较大,在 2 700~2 800 cm⁻¹波段范围内变化较小,聚丙烯酰胺溶液吸收系数范围是 15.895 9~31.108 1。由图 7.12(c)和(d)可以看出,温度对含聚污水光学常数影响较大。不同温度聚丙烯酰胺溶液的吸收指数 k 均呈现先下降后升高的趋势,随温度的升高聚丙烯酰胺溶液吸收指数逐渐减小,在 2 400~2 700 cm⁻¹ 波段范围内随温度升高吸收指数下降趋势较大,在 2 700~2 800 cm⁻¹ 波段范围内下降趋势较小。在 20~70 ℃ 范围内,聚丙烯酰胺溶液的吸收指数 k 值范围是 0.001 563~0.005 826。在 2 400~2 800 cm⁻¹ 波段范围内,不同温度聚丙烯酰胺溶液的折射率曲线均呈现先下降再稳定后下降的趋势,随温度的升高聚丙烯酰胺溶液折射率逐渐升高,在 20~70 ℃ 范围内,聚丙烯酰胺溶液的折射率 n 值范围是1.324 10~1.380 93。

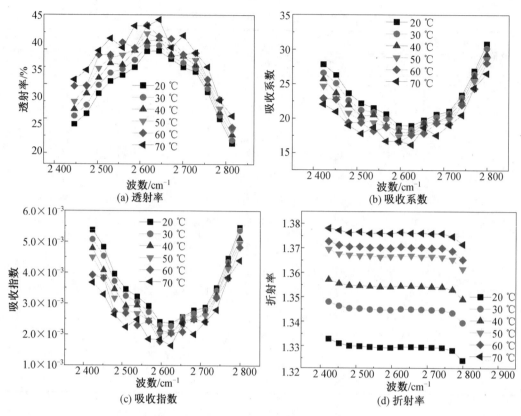

图 7.12　500 mg/L 不同温度含聚污水的光学常数

3. 温度对回注水红外透射光谱的影响

回注水样本及编号见表 7.9。具体实验操作步骤同聚丙烯酰胺溶液紫外透射光谱测量。以 7 号水样为例,分析了光学腔长度为 0.1 mm 和 0.2 mm 条件下温度对回注水红外透射光谱的影响。不同温度下回注水的红外透射光谱如图 7.13、图 7.14 所示。

表 7.9　回注水样本及编号

样本编号	含油量/(mg·L⁻¹)	样本编号	含油量/(mg·L⁻¹)
1	56.00	5	20.00
2	46.67	6	16.00
3	31.11	7	8.00
4	28.00	—	—

由图 7.13 和图 7.14 可知,当含油量为 28.00 mg/L 时,随着温度的升高回注水透射率逐渐增大,70 ℃时所对应的透射率最大。当波数为 2 600 cm⁻¹时,回注水红外透射光谱受温度影响最大。当光学腔长度为 0.2 mm 时,回注水红外透射光谱波动性较大,且透射率明显低于光学腔长度为 0.1 mm 所对应的透射率。

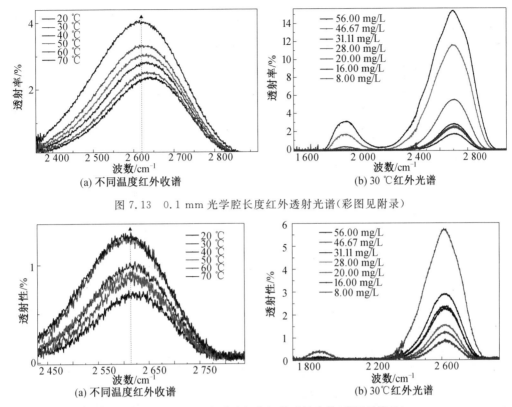

图 7.13　0.1 mm 光学腔长度红外透射光谱(彩图见附录)

图 7.14　0.2 mm 光学腔长度红外透射光谱(彩图见附录)

4. 温度—回注水透射率关系拟合

以光学腔长度为 0.1 mm,以 7 号回注水水样为研究对象(含油量为 28.00 mg/L),采用 2 400 cm^{-1}、2 600 cm^{-1} 和 2 750 cm^{-1} 处的红外透射光谱透射率与温度的变化关系进行分析。其红外透射光谱透射率与温度的关系如图 7.15～7.17 所示。

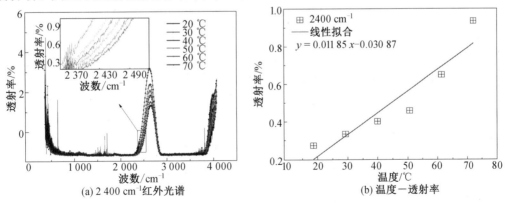

图 7.15　2 400 cm^{-1} 温度—透射率关系((a)彩图见附录)

由图 7.15～7.17 可知,不同温度下,回注水红外透射光谱变化趋势基本一致,在 2 600 cm^{-1} 存在波峰,在 3 000～3 600 cm^{-1} 处存在吸收峰。在 2 400 cm^{-1}、2 600 cm^{-1} 和 2 750 cm^{-1} 处,随着温度的升高回注水红外透射光谱透射率数值逐渐增大。

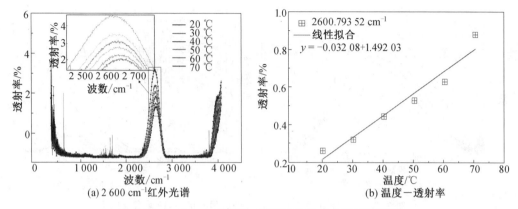

图 7.16　2 600 cm^{-1}温度－透射率关系((a)彩图见附录)

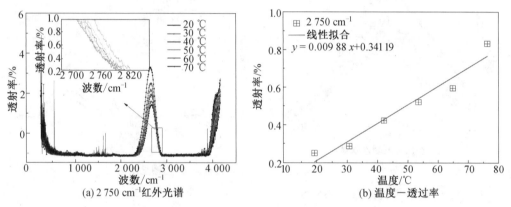

图 7.17　2 750 cm^{-1}温度－透射率关系((a)彩图见附录)

当回注水含油量为 28.00 mg/L 时,在 2 400 cm^{-1}、2 600 cm^{-1}和 2 750 cm^{-1}处对回注水红外透射光谱透射率与温度进行拟合,拟合关系式分别为

$$y=0.011\,85x-0.030\,87 \tag{7.8}$$

$$y=0.032\,08x+1.492\,03 \tag{7.9}$$

$$y=0.009\,88x+0.341\,19 \tag{7.10}$$

5. 不同温度条件下回注水透射率补偿

以 1、6、7 号回注水水样为研究对象进行分析(含油量分别为 56.00 mg/L、28.00 mg/L 和 20.00 mg/L)。在波数为 2 400 cm^{-1}、2 600 cm^{-1}和 2 750 cm^{-1}处,针对温度对回注水红外透射率的影响进行补偿分析,结果见表 7.10,温度－透射率关系如图 7.18 所示。

表 7.10　不同温度下回注水透射率

波长	含油量/(mg·L⁻¹)	透射率/%					
		20 ℃	30 ℃	40 ℃	50 ℃	60 ℃	70 ℃
2 400 cm⁻¹	56.00	3.775 29	5.849 97	6.475 53	7.937 66	7.977 77	8.429 62
	28.00	0.158 93	0.189 22	0.245 56	0.610 32	0.763 85	0.949 04
	20.00	0.276 29	0.334 11	0.399 02	0.454	0.637 44	0.912 57
2 600 cm⁻¹	56.00	10.263 6	15.178 6	15.380 2	17.189 0	17.168 0	17.695 5
	28.00	1.706 9	1.730 6	2.131 5	3.583 3	3.919 9	4.265 9
	20.00	2.253 0	2.415 7	2.753 9	2.986 5	3.258 8	3.946 4
2 750 cm⁻¹	56.00	5.418 39	8.232 96	8.251 37	9.288 73	9.342 88	9.421 12
	28.00	0.415 38	0.419 52	0.508 7	1.031 03	1.098 84	1.223 94
	20.00	0.579 5	0.611 98	0.731 45	0.817 79	0.883 48	1.091 06

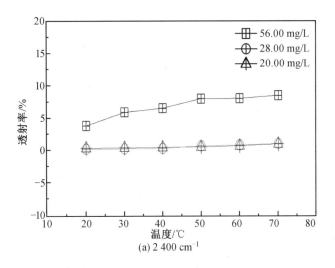

(a) 2 400 cm⁻¹

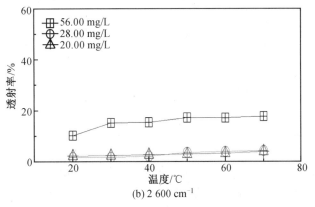

(b) 2 600 cm⁻¹

图 7.18　温度—透射率关系

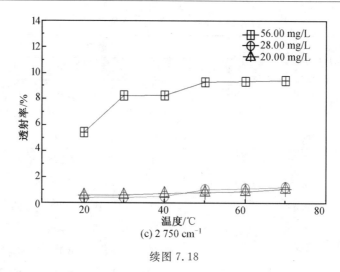

(c) 2 750 cm⁻¹

续图 7.18

由图 7.18 可知,在波数为 2 400 cm⁻¹、2 600 cm⁻¹ 和 2 750 cm⁻¹ 处,当回注水中含油量为定值时,透射率 T 与温度 K 呈线性变化关系,通过线性回归分析可计算得出回注水的回归系数 a 和 b,其结果见表 7.11。

表 7.11　回归系数 a 和 b

含油量 /(mg·L⁻¹)	2 400 cm⁻¹		2 600 cm⁻¹		2 750 cm⁻¹	
	斜率 a	常数 b	斜率 a	常数 b	斜率 a	常数 b
56.00	0.088 91	2.740 19	0.128 39	9.701 6	0.069 66	5.191 24
28.00	0.017 25	−0.290 32	0.059 47	0.213 51	0.018 87	−0.066 07
20.00	0.011 85	−0.030 87	0.032 08	1.492	0.009 88	0.341 19

根据表 7.11 回归系数 a 和 b 数据及式(7.4)可以求出回归系数 a 和 b 的变化率,即 k_a 和 k_b,结果见表 7.12。

表 7.12　回归系数 a 和 b 变化率

含油量/(mg·L⁻¹)	变化率	波长		
		2 400 cm⁻¹	2 600 cm⁻¹	2 750 cm⁻¹
20.00~28.00	k_a	0.000 675	0.003 424	0.001 124
	k_b	−0.032 43	−0.159 8	−0.050 91
28.00~56.00	k_a	0.002 559	0.002 297	0.001 693
	k_b	0.108 2	0.338 9	0.187 8

由表 7.12 可知,在 2 400 cm⁻¹ 处 a 和 b 变化率平均值分别为 0.001 617 和 0.037 90。在 2 600 cm⁻¹ 处 a 和 b 变化率平均值分别为 0.002 861 和 0.089 52。在 2 750 cm⁻¹ 处 a 和 b 变化率平均值分别为 0.001 408 和 0.068 4。基于 a 和 b 变化率平均值,可以求出含油量为 ρ_0 的回注水回归系数 a_0 和 b_0,则以温度 30 ℃ 和 40 ℃ 为参考,含油量为 ρ_0 时回注

水透射率－温度补偿公式为

2 400 cm^{-1}波长处：

$$y=(0.001\ 617\rho_0-0.025\ 829)K-0.379\ 0\rho_0-0.619\ 42 \qquad (7.11)$$

2 600 cm^{-1}波长处：

$$y=(0.002\ 861\rho_0-0.023\ 4)K-0.089\ 52\rho_0-8.034\ 7 \qquad (7.12)$$

2 750 cm^{-1}波长处：

$$y=(0.001\ 408\rho_0-0.016\ 213)K-0.068\ 4\rho_0-1.114\ 3 \qquad (7.13)$$

式中　y——含油污水透射率，%；

　　　ρ_0——含油量，mg/L；

　　　K——实时温度，℃。

6. 温度对回注水光学常数的影响

　　根据 7.1.2 节测量得到的回注水的红外透射光谱数据，利用 2.3.1 节建立的光学常数双厚度反演模型，求解在 2 400～2 800 cm^{-1} 波段范围内回注水的折射率 n 和吸收指数 k。以 7 号水样为例（含油量为 20.00 mg/L），探究温度对回注水折射率和吸收指数的影响。回注水光学常数如图 7.19 所示。

　　由图 7.19(a)可知，在 2 400～2 600 cm^{-1} 波段范围内，折射率 n 随波数的增加逐渐减小。在 2 600～2 800 cm^{-1} 波段范围内，折射率 n 随波数的增加而增大。温度为 30 ℃时对应回注水折射率 n 最大。由图 7.19(b)可知，不同温度下回注水吸收指数变化趋势相同，70 ℃所对应吸收指数 k 最小，且在 2 400～2 800 cm^{-1} 波段范围内吸收指数 k 整体在 0～0.002 范围内变化。

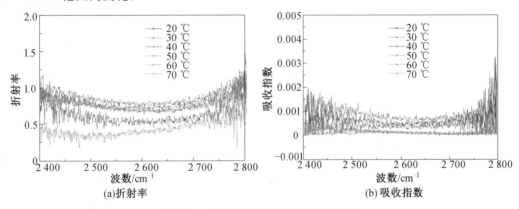

图 7.19　回注水光学常数（彩图见附录）

7.2　pH 对光谱法检测的影响

7.2.1　pH 对紫外透射光谱法检测的影响

1. pH 对聚丙烯酰胺溶液紫外透射光谱的影响

利用 PHS－3C 雷茨酸度计和 NaOH、HCl 标准液将回注水 pH 分别调节为 6、7、8、9

和 10,具体实验步骤如下。

(1)取不同含聚量聚丙烯酰胺溶液于烧杯中,利用酸度计和稀释后的 NaOH 和 HCl 标准液调节聚丙烯酰胺溶液的 pH 分别为 6、7、8、9、10 和 11。

(2)用移液枪吸取聚丙烯酰胺溶液于不同光学腔长度的比色皿中。

(3)利用紫外分光光度计分别测量不同 pH 下聚丙烯酰胺溶液的透射光谱。

不同 pH 条件下质量浓度为 10 mg/L、20 mg/L、50 mg/L、100 mg/L、200 mg/L、500 mg/L、800 mg/L 聚丙烯酰胺溶液的紫外透射光谱如图 7.20 所示。

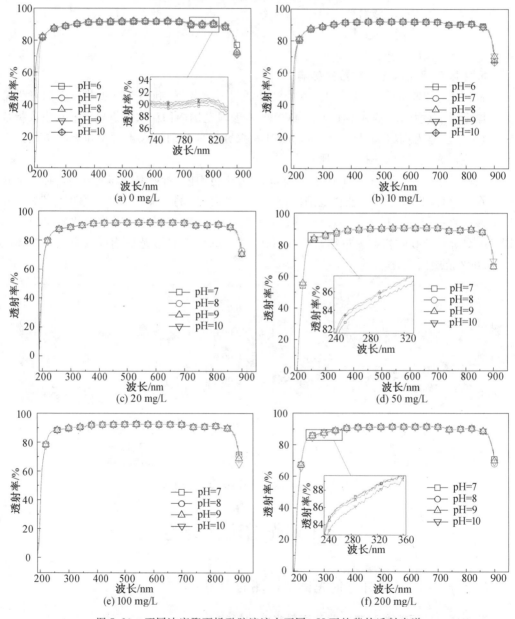

图 7.20　不同浓度聚丙烯酰胺溶液在不同 pH 下的紫外透射光谱

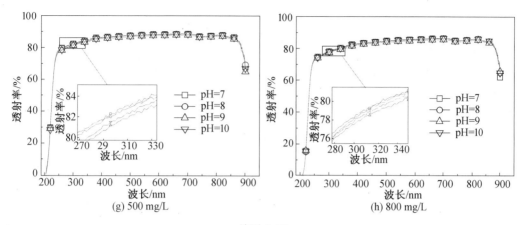

(g) 500 mg/L　　　　(h) 800 mg/L

续图 7.20

由图 7.20 可知,在波长 200～900 nm 范围内,pH 在 7～9 时对不同质量浓度聚丙烯酰胺溶液的紫外透射光谱影响较小。透射率影响较大的波段为 200～400 nm 和 760～900 nm,在可见光波段 pH 对聚丙烯酰胺溶液的透射光谱影响较小。其中,随 pH 不断增大,聚丙烯酰胺溶液的透射率呈现出不规律变化,整体趋势随 pH 增大透射率减小。在全波段 200～900 nm 中,随 pH 增加并无明显波峰和波谷出现,其强吸收波段也没有受到影响。

2. pH 对回注水紫外透射光谱的影响

基于 3.2 节光谱测量方法得到了不同 pH 条件下表 7.13 中回注水样本的紫外透射光谱。具体实验步骤同聚丙烯酰胺溶液紫外透射光谱测量。

以 1 号水样为例(含油量为 56.00 mg/L),分析了 pH 对回注水紫外透射光谱的影响。不同 pH 下回注水紫外透射光谱如图 7.21 和图 7.22 所示。

表 7.13　回注水样本及编号

样本编号	含油量 /(mg · L⁻¹)	样本编号	含油量 /(mg · L⁻¹)	样本编号	含油量 /(mg · L⁻¹)	样本编号	含油量 /(mg · L⁻¹)
1	56.00	4	40.00	7	20.00	10	8.00
2	50.91	5	31.11	8	16.00	—	—
3	46.67	6	28.00	9	11.20	—	—

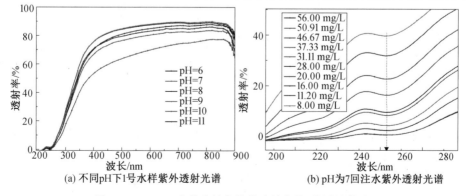

(a) 不同pH下1号水样紫外透射光谱　　　(b) pH为7回注水紫外透射光谱

图 7.21　5 mm 光学腔长度紫外透射光谱(彩图见附录)

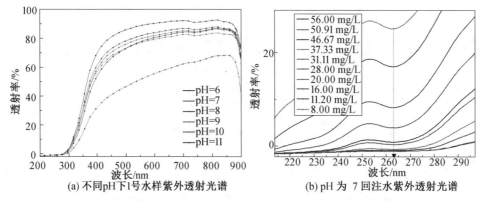

图 7.22　10 mm 光学腔长度紫外透射光谱(彩图见附录)

由图 7.21 可知,不同 pH 条件下回注水紫外透射光谱变化趋势相同,在波长为 200～900 nm 时,回注水透射率呈现先增加再趋于平稳最后下降的变化趋势。由图 7.21 和图 7.22 对比可知,随光学腔长度的增大回注水透射率逐渐减小。当光学腔长度为 5 mm、pH 为 9 时,回注水透射率最大。当光学腔长度为 10 mm、pH 为 6 时,回注水透射率最大。在 260 nm 处,回注水透射率随含油量的增加而逐渐降低。

3. pH－回注水透射率关系拟合

以 1 号回注水水样(含油量为 56.00 mg/L)为研究对象,分析了 260 nm、400 nm 和 800 nm 处紫外透射光谱透射率与 pH 的关系,结果如图 7.23～7.25 所示。

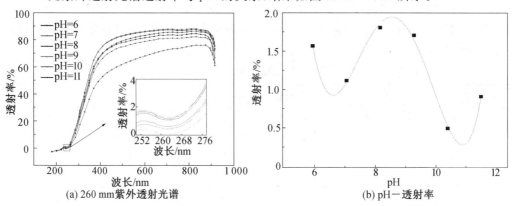

图 7.23　260 nm pH－透射率关系((a)彩图见附录)

由图 7.23～7.25 可知,在 260 nm、400 nm 和 800 nm 处随着 pH 的升高紫外透射光谱透射率波动性较大,且 pH 为 10 所对应回注水透射率最小。

当回注水含油量为 56.00 mg/L 时,回注水在 260 nm、400 nm 和 800 nm 处的紫外透射光谱透射率与 pH 的拟合关系式分别为

$$y = 0.093\,75x^4 - 3.174\,24x^3 + 39.609\,57x^2 - 215.856\,44x + 434.867\,24 \quad (7.14)$$

$$y = 1.601\,39x^4 - 54.060\,18x^3 + 673.837\,44x^2 - 3\,675.255\,4x + 7\,467.062 \quad (7.15)$$

$$y = 1.340\,28x^4 - 45.178\,7x^3 + 562.445\,78x^2 - 3\,064.611\,83x + 6\,248.145\,21$$

$$(7.16)$$

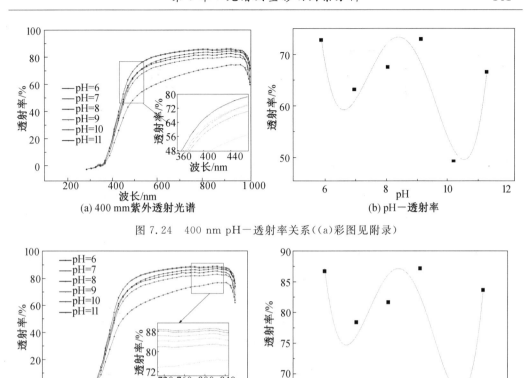

图 7.24　400 nm pH－透射率关系((a)彩图见附录)

图 7.25　800 nm pH－透射率关系((a)彩图见附录)

4. 不同 pH 条件下回注水透射率补偿

基于 7.2.1 节 pH 对回注水紫外透射光谱的影响,以 5、7、9 号回注水水样(含油量分别为 31.00 mg/L、20.00 mg/L 和 11.20 mg/L)进行分析。在 260 nm、400 nm 和 800 nm 处,针对 pH 对回注水紫外透射率的影响进行补偿分析,不同 pH 条件下回注水透射率见表 7.14,pH－透射率关系如图 7.26 所示。

表 7.14　不同 pH 条件下回注水透射率

波长	含油量/(mg·L⁻¹)	6	7	8	9	10	11
	31.11	9.133 3	8.933 3	8.833 3	9	6.8	6.766 7
260 nm	20.00	18.166 7	16.833 3	18.3	18.866 7	15.3	17.833 3
	11.20	33.9	32.266 7	33.866 7	32.733 3	32	22
	31.11	78.133 3	77.8	75.8	77.2	64.6	75.5
400 nm	20.00	79.9	78.9	77.5	77.5	71.1	64.2
	11.20	83.3	82.8	83.766 7	82.866 7	80.7	64.7
	31.11	88.633 3	88.266 7	87.133 3	87.933 3	75.5	88.133 3
800 nm	20.00	88.633 3	87.733 3	89.5	89.4	83.8	89.933 3
	11.20	89.833 3	89.566 7	90.366 7	89.533 3	87.333 3	79.7

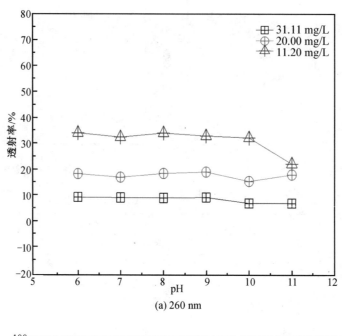

(a) 260 nm

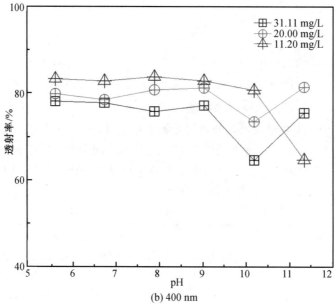

(b) 400 nm

图 7.26 pH－透射率关系

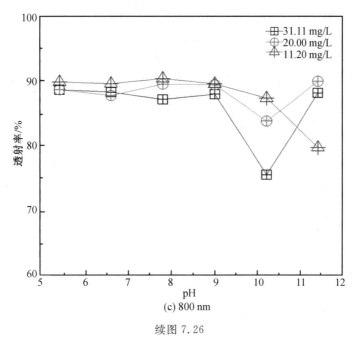

续图 7.26

由图 7.26(a)、(b)和(c)可知,当波长为 260 nm 时回注水透射率 T 与 pH 线性关系较强。所以在 260 nm 处,通过线性回归分析可以计算得出回注水透射率与 pH 的回归系数 a 和 b,其计算结果见表 7.15。

表 7.15　回归系数 a 和 b

含油量/(mg · L^{-1})	31.11	20.00	11.20
斜率 a	$-0.516\ 2$	$-0.162\ 9$	$-1.755\ 2$
常数 b	12.632 1	18.934 2	46.047 3

根据表 7.15 所示回归系数 a 和 b 数据及式(5.4)可以求出回归系数 a 和 b 的变化率,即 k_a 和 k_b,结果见表 7.16。

表 7.16　回归系数 a 和 b 变化率

含油量/(mg · L^{-1})	变化率(k)	波长(260 nm)
11.20～20.00	k_a	$-0.180\ 9$
	k_b	3.081 0
20.00～31.11	k_a	$-0.031\ 8$
	k_b	$-0.567\ 8$

由表 7.16 可知,在 260 nm 处 a 和 b 变化率平均值分别为 $-0.122\ 3$ 和 2.513 2。根据 a 和 b 的变化率平均值,可以求出含油量为 ρ_0 的含油污水回归系数 a_0 和 b_0,则以 pH 为 7 和 8 时为参考,含油量为 ρ_0 回注水透射率－pH 补偿公式为

260 nm 波长处：

$$y=(-0.122\ 3\rho_0+3.191\ 27)p-2.513\ 2\rho_0+456.830\ 4 \tag{7.17}$$

式中　y——含油污水透射率，%；

　　　ρ_0——含油量，mg/L；

　　　p——实时 pH。

5. pH 对回注水光学常数的影响

根据 7.2.1 节测量得到的不同 pH 条件下回注水的紫外透射光谱数据，利用 2.3.1 节建立的光学常数双厚度反演模型，求解在波段为 350～850 nm 范围内回注水的折射率 n 和吸收指数 k。以 1 号水样为例，探究了 pH 对回注水折射率 n 和吸收指数 k 的影响。不同温度下回注水的折射率 n 和吸收指数 k 如图 7.27 所示。

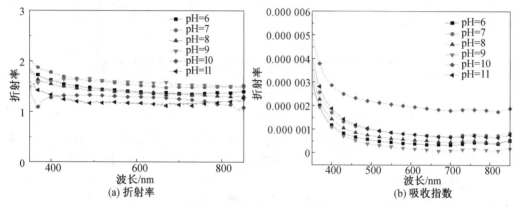

图 7.27　回注水光学常数

由图 7.27(a)可知，pH 为 6、7 和 8 的折射率 n 明显高于 pH 为 10、11，说明 pH 对折射率 n 影响较大，即酸性环境下的折射率 n 略高于碱性环境。由图 7.27(b)可知，不同 pH 下回注水吸收指数 k 变化曲线相似。在 350～850 nm 波段范围内，随着波长的增加吸收指数 k 逐渐降低，其数值在 $6.781\ 9\times10^{-6}$～$5.341\ 9\times10^{-6}$ 范围内变化。

7.2.2　pH 对红外透射光谱法检测的影响

1. pH 对聚丙烯酰胺溶液红外透射光谱的影响

基于 7.2.1 节 pH 调节方法及 7.1.2 节聚丙烯酰胺溶液红外透射光谱测量方法，分别测量了不同 pH 条件下质量浓度为 10 mg/L、20 mg/L、50 mg/L、100 mg/L、200 mg/L、500 mg/L、800 mg/L 聚丙烯酰胺溶液的红外透射光谱，如图 7.28 所示。

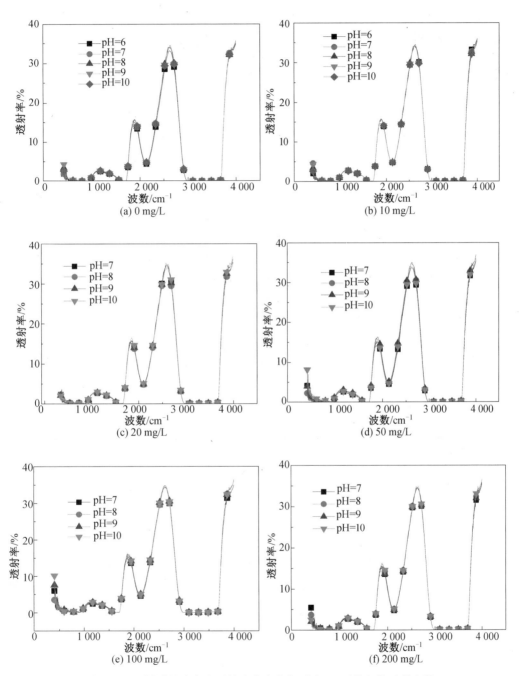

图 7.28　不同质量浓度聚丙烯酰胺溶液在不同 pH 下的红外透射光谱

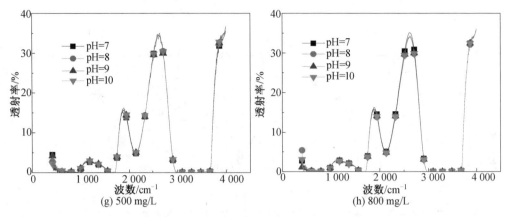

续图 7.28

由图 7.28 可知,在波数 400~4 000 cm^{-1} 范围内,pH 在 7~10 范围时,对不同质量浓度聚丙烯酰胺溶液的红外透射光谱影响不显著。聚丙烯酰胺溶液的透射率随 pH 的变化没有呈现出一定的规律性。pH 没有影响聚丙烯酰胺溶液红外透射光谱图波峰迁移。强吸收波段也没有偏移。由于油田现场采出水 pH 在 7~10 范围内,因此,聚丙烯酰胺溶液中 pH 对其光谱特性影响较小,这为后续进行油田含聚污水在线检测提供了有利数据。

2. pH 对回注水红外透射光谱的影响分析

基于 7.2.1 节 pH 调节方法及 7.1.2 节回注水红外透射光谱测量方法,分别测量了不同 pH 条件下表 7.17 中回注水样本的红外透射光谱。以 6 号水样为例,分析了光学腔长度为 0.1 mm 和 0.2 mm 条件下 pH 对回注水红外透射光谱的影响。不同 pH 条件下回注水的红外透射光谱如图 7.29、图 7.30 所示。

表 7.17 回注水样本及编号

样本编号	含油量 /(mg·L^{-1})	样本编号	含油量 /(mg·L^{-1})	样本编号	含油量 /(mg·L^{-1})	样本编号	含油量 /(mg·L^{-1})
1	56.00	4	40.00	7	20.00	10	8.00
2	50.91	5	31.11	8	16.00	—	—
3	46.67	6	28.00	9	11.20	—	—

由图 7.29、图 7.30 可知,不同 pH 条件下回注水红外透射光谱变化趋势基本一致。在 2 100~2 270 cm^{-1} 和 3 000~3 600 cm^{-1} 波段处存在两个明显的吸收峰。在 1 880 cm^{-1}、2 140 cm^{-1} 和 2 620 cm^{-1} 处,回注水透射率随 pH 的增大呈现先增大后减小的趋势,pH 为 9 时回注水透射率达到最大。

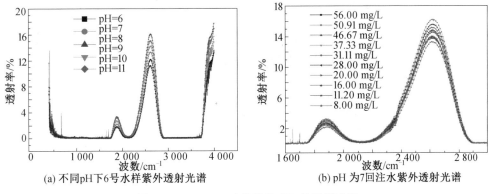

(a) 不同 pH 下 6 号水样紫外透射光谱　　　(b) pH 为 7 回注水紫外透射光谱

图 7.29　0.1 mm 光学腔长度红外透射光谱

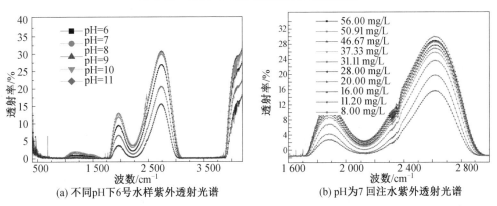

(a) 不同 pH 下 6 号水样紫外透射光谱　　　(b) pH 为 7 回注水紫外透射光谱

图 7.30　0.05 mm 光学腔长度红外透射光谱

3. pH—回注水透射率关系拟合

以光学腔长度为 0.05 mm、6 号回注水水样(含油量为 28.00 mg/L)为研究对象,分析了波数为 1 880 cm^{-1}、2 140 cm^{-1} 和 2 620 cm^{-1} 的回注水透射率与 pH 的变化关系,其 pH—透射率的关系分别如图 7.31~7.33 所示。

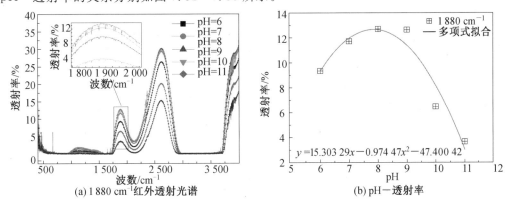

(a) 1 880 cm^{-1} 红外透射光谱　　　(b) pH—透射率

图 7.31　1 880 cm^{-1} pH—透射率关系

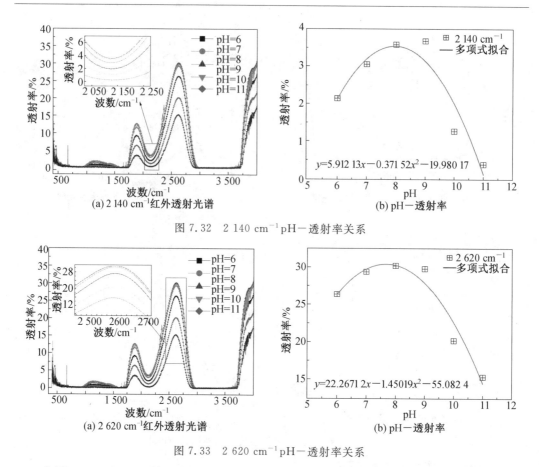

图 7.32　2 140 cm^{-1} pH－透射率关系

图 7.33　2 620 cm^{-1} pH－透射率关系

由图 7.31～7.33 可知,在 1 880 cm^{-1}、2 140 cm^{-1} 和 2 620 cm^{-1} 处,回注水透射率随 pH 增大呈现先增加后减小的趋势。当 pH 为 9 时,回注水透射率达到最大。

当回注水含油量为 28.00 mg/L 时,在 1 880 cm^{-1}、2 140 cm^{-1} 和 2 620 cm^{-1} 处的回注水透射率与 pH 的拟合关系式分别为

$$y = -0.974\ 47x^2 + 15.303\ 29x - 47.400\ 42 \tag{7.21}$$

$$y = -0.371\ 52x^2 + 5.912\ 13x - 19.980\ 17 \tag{7.22}$$

$$y = -1.450\ 19x^2 + 22.267\ 12x - 55.082\ 4 \tag{7.23}$$

4. 不同 pH 条件下回注水透射率补偿

基于 7.2.2 节 pH 对回注水红外透射光谱的影响,以 1、6、7 号回注水水样(含油量分别为 31.00 mg/L 、20.00 mg/L 和 11.20 mg/L)进行分析。在 1 880 cm^{-1}、2 140 cm^{-1} 和 2 620 cm^{-1} 处,以 6 号水样为例,针对 pH 对回注水红外透射率的影响进行补偿分析,结果见表 7.18,pH－透射率关系如图 7.34 所示。

表 7.18　不同 pH 条件下回注水透射率

波长	含油量/(mg·L^{-1})	6	7	8	9	10	11
1 880 cm^{-1}	31.11	10.112 33	13.592 56	11.931 2	11.073 9	11.464 8	10.153 3
	20.00	3.859 27	10.909 75	11.860 9	8.867 85	6.451 43	3.456 69
	11.20	6.476 08	5.912 46	6.153 87	12.088 5	10.549 3	2.288 43
2 140 cm^{-1}	31.11	2.503 08	4.078 53	3.189 17	2.835 54	2.912 77	2.342 32
	20.00	0.434 54	2.838 56	3.295 23	1.932 55	1.128 39	0.343 46
	11.20	1.109 34	0.870 01	1.039 2	3.410 37	2.516 19	0.154 5
2 620 cm^{-1}	31.11	27.193 26	31.517 73	29.327 1	27.588 1	27.493 8	25.129 9
	20.00	17.042 1	28.476 18	29.398 6	25.076 0	20.533 0	15.121 1
	11.20	22.078 78	21.315 72	21.646	29.095 7	27.078 2	12.742 6

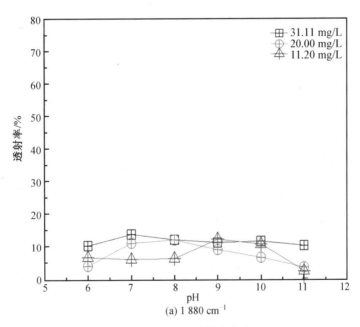

(a) 1 880 cm^{-1}

图 7.34　pH—透射率关系

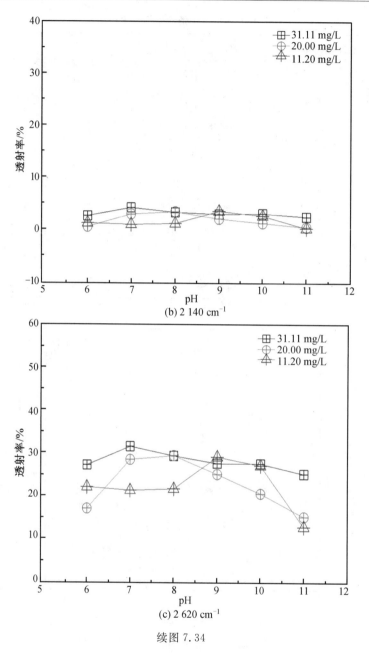

(b) 2 140 cm^{-1}

(c) 2 620 cm^{-1}

续图 7.34

　　由图 7.34(a)、(b)和(c)可知,当回注水中含油量为 28 mg/L 时,在波数为 1 880 cm^{-1}、2 140 cm^{-1} 和 2 620 cm^{-1} 时,透射率 T 与 pH 呈线性变化关系。经线性回归分析可以计算得到回注水的回归系数 a 和 b,其结果见表 7.19。

表 7.19　回归系数 a 和 b

含油量 /(mg·L^{-1})	1 880 cm^{-1}		2 140 cm^{-1}		2 620 cm^{-1}	
	斜率 a	常数 b	斜率 a	常数 b	斜率 a	常数 b
31.11	−0.201 02	13.096 69	−0.132 99	4.107 33	−0.689 36	33.901 21
20.00	−0.525 17	12.031 58	−0.198 53	3.349 64	−1.078 78	31.777 40
11.20	−0.031 23	7.510 24	0.072 44	0.900 83	−0.626 96	27.655 37

根据表 7.19 回归系数 a 和 b 数据及式(5.4)可以求出回归系数 a 和 b 的变化率,即 k_a 和 k_b,结果见表 7.20。

表 7.20　回归系数 a 和 b 变化率

含油量/(mg·L^{-1})	变化率(k)	波长		
		1 880 cm^{-1}	2 140 cm^{-1}	2 620 cm^{-1}
11.20~20.00	k_a	−0.056 13	−0.030 79	−0.051 34
	k_b	0.513 8	0.278 3	0.468 4
20.00~31.11	k_a	0.029 18	0.005 899	0.035 05
	k_b	0.095 87	0.068 19	0.191 2

由表 7.20 可计算出,在 1 880 cm^{-1} 处 a 和 b 变化率平均值分别为 −0.013 48 和 0.304 8。在 2 140 cm^{-1} 处 a 和 b 变化率平均值分别为 −0.012 45 和 0.173 2。在 2 620 cm^{-1} 处 a 和 b 变化率平均值分别为 −0.008 146 和 0.329 8。

根据 a 和 b 的变化率平均值,可以求出含油量为 ρ_0 的回注水的回归系数 a_0 和 b_0,则以 pH 为 7 和 8 时为参考,含油量为 ρ_0 回注水透射率−pH 补偿公式为

1 880 cm^{-1} 波长处:
$$y = (-0.013\ 48\rho_0 + 1.220\ 75)p + 0.304\ 8\rho_0 - 1.844\ 3 \tag{7.24}$$

2 140 cm^{-1} 波长处:
$$y = (-0.012\ 45\rho_0 + 0.705\ 67)p + 0.173\ 2\rho_0 - 3.822\ 13 \tag{7.25}$$

2 620 cm^{-1} 波长处:
$$y = (-0.008\ 146\rho_0 + 1.085\ 34)p + 0.329\ 8\rho_0 + 15.423\ 24 \tag{7.26}$$

式中　y——含油污水透射率,%;

　　　ρ_0——含油量,mg/L;

　　　p——实时 pH。

5. pH 对回注水光学常数的影响分析

根据 7.2.2 节测量得到的不同 pH 条件下回注水的红外透射光谱数据,利用 2.3.1 节建立的光学常数双厚度反演模型,求解 1 800~2 800 cm^{-1} 范围波段内回注水的折射率 n 和吸收指数 k。以 9 号水样为例,探究 pH 对回注水折射率 n 和吸收指数 k 的影响。回注水的光学常数如图 7.35 所示。

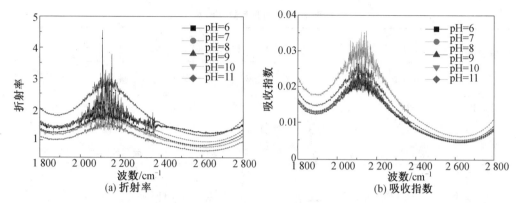

图 7.35　回注水的光学常数

由图 7.35(a)可知,不同 pH 下的折射率 n 的变化基本一致,在波数为 1 800～2 150 cm^{-1} 时回注水折射率 n 随波数的增加而逐渐增大。在波数为 2 150～2 800 cm^{-1} 时回注水折射率 n 随波数的增加而逐渐减小。由图 7.35(b)可知,不同 pH 下回注水吸收指数 k 变化曲线形状相似,在 1 800～2 100 cm^{-1} 波段范围内吸收指数 k 随着波数的增加而增大。在 2 100～2 800 cm^{-1} 波段范围内吸收指数 k 随着波数的增加而减小,整体在 0.003～0.035 范围内变化。

7.3　回注水含油量定量模型对环境影响适应性分析

7.3.1　温度适应性分析

基于第 6 章所建立的回注水含油量最优定量分析模型(基于 Newton 混合规则多光谱信息融合 E－N－SiPLS 模型)对温度进行适应性分析。首先,将 7.1.1 节和 7.1.2 节所求得的折射率数据进行预处理;其次,将预处理后折射率数据代入定量分析模型;最后,根据建模结果,分析了回注水含油量定量分析模型对温度的适应性。校正集和预测集样本编号见表 7.21 和表 7.22,其中 Newton 混合规则求解折射率样本编号为 1、3、4、6 号,双厚度反演模型求解折射率样本编号为 2、5、7 号。各温度下回注水含油量定量分析建模结果如图 7.36～7.41 所示。

表 7.21　校正集样本编号

样本编号	含油量/(mg·L^{-1})	样本编号	含油量/(mg·L^{-1})
1	56.00	4	28.00
2	40.00	5	20.00
3	31.11	—	—

表 7.22　预测集样本编号

样本编号	含油量/(mg·L^{-1})	样本编号	含油量/(mg·L^{-1})
6	16.00	7	8.00

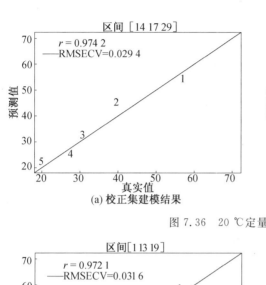
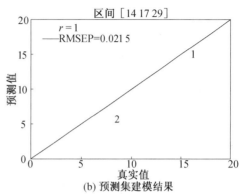

图 7.36　20 ℃定量分析建模结果

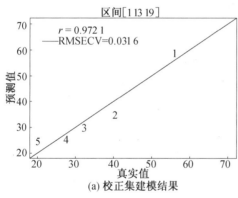
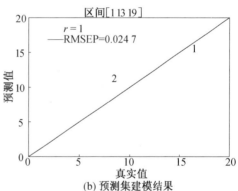

图 7.37　30 ℃定量分析建模结果

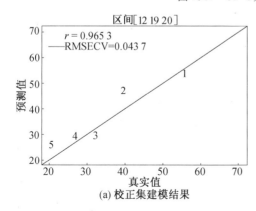
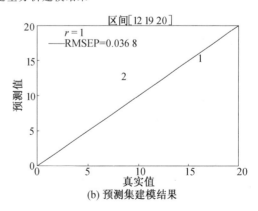

图 7.38　40 ℃定量分析建模结果

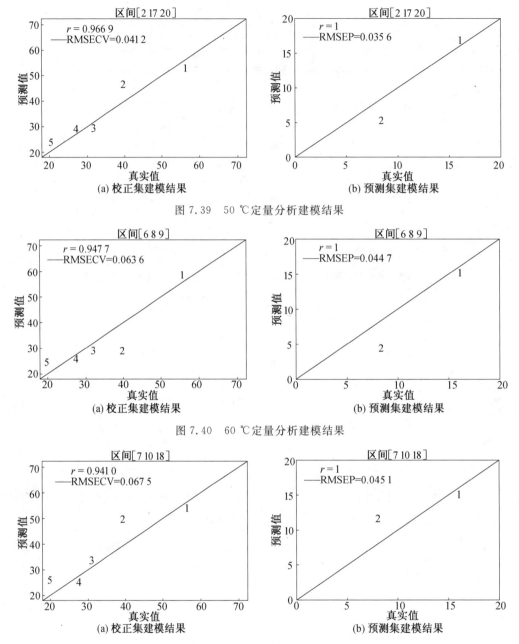

图 7.39　50 ℃定量分析建模结果

图 7.40　60 ℃定量分析建模结果

图 7.41　70 ℃定量分析建模结果

将各温度下建模结果进行对比,见表 7.23。

表 7.23　不同温度下定量分析模型的预测结果对比

温度/℃	最佳子区间	r_c	RMSECV	r_p	RMSEP
20	[14 17 29]	0.974 2	0.029 4	1	0.021 5
30	[1 13 19]	0.972 1	0.031 6	1	0.024 7
40	[12 19 20]	0.965 3	0.043 7	1	0.036 8
50	[2 17 20]	0.966 9	0.041 2	1	0.035 6
60	[6 8 9]	0.947 7	0.063 6	1	0.044 7
70	[7 10 18]	0.941 0	0.067 5	1	0.045 1

由图 7.36～7.41 和表 7.23 可知,温度对回注水含油量定量分析模型的预测结果具有一定影响。20 ℃所对应的回注水含油量定量分析模型预测能力最强,校正集相关系数和均方根误差分别为 0.974 2 和 0.029 4,预测集相关系数和均方根误差分别为 1 和 0.021 5。整体分析,20 ℃时,回注水含油量定量分析模型的预测能力最强;中高温条件下(温度为 30 ℃、40 ℃和 50 ℃),回注水含油量定量分析模型的预测能力次之;高温条件下(温度为 60 ℃和 70 ℃),回注水含油量定量分析模型的预测能力最差。非常温条件下,建立各温度下的回注水含油量定量分析模型,通过对温度的影响分析既可以减小温度对回注水含油量定量分析模型预测精度的影响,又可以增强回注水含油量定量分析模型对温度的适应性。

7.3.2　pH 适应性分析

基于第 6 章所建立的最优回注水含油量定量分析模型(基于 Newton 混合规则多光谱信息融合 E−N−SiPLS 模型)对 pH 进行适应性分析。首先,将 7.2.1 节和 7.2.2 节所求得的折射率数据进行预处理;其次,将预处理后折射率数据代入回注水含油量定量分析模型;最后,分析回注水含油量定量分析模型对 pH 的适应性。校正集和预测集样本编号见表 7.24 和表 7.25,其中 Newton 混合规则求解折射率样本编号为 1、4、6、7 号,双厚度反演模型求解折射率样本编号为 2、3、5、8 号。各 pH 下回注水含油量定量分析建模结果如图 7.42～7.47 所示。

表 7.24　校正集样本编号

样本编号	含油量/(mg·L^{-1})	样本编号	含油量/(mg·L^{-1})
1	56.00	4	31.11
2	50.91	5	28.00
3	46.67	6	20.00

表 7.25　预测集样本编号

样本编号	含油量/(mg·L^{-1})	样本编号	含油量/(mg·L^{-1})
7	16.00	8	8.00

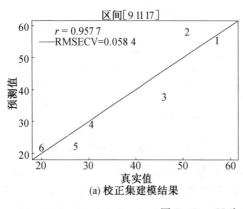

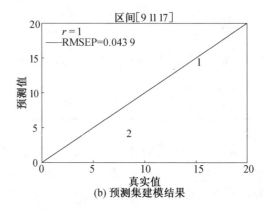

图 7.42　pH 为 6 定量分析建模结果

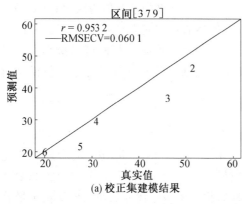

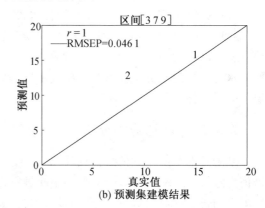

图 7.43　pH 为 7 定量分析建模结果

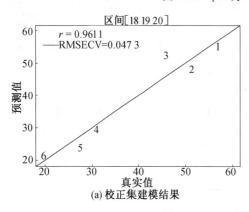

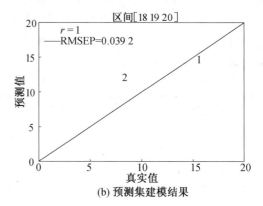

图 7.44　pH 为 8 定量分析建模结果

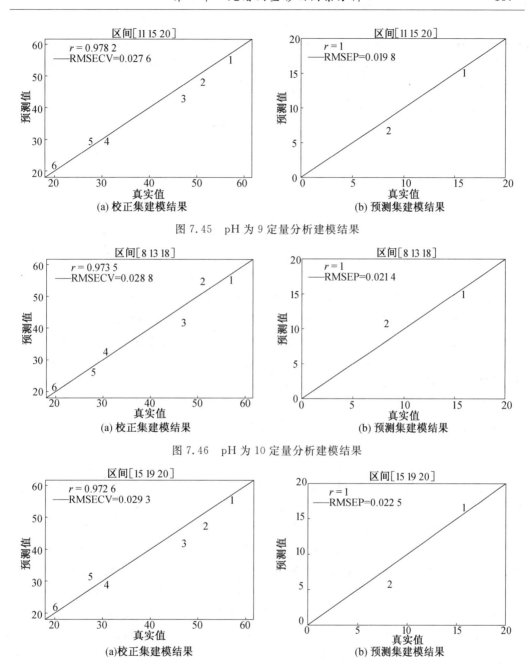

图 7.45　pH 为 9 定量分析建模结果

图 7.46　pH 为 10 定量分析建模结果

图 7.47　pH 为 11 定量分析建模结果

将不同 pH 条件下建模结果进行对比,见表 7.26。

表 7.26　不同 pH 下定量分析模型的预测结果对比

温度/℃	最佳子区间	r_c	RMSECV	r_p	RMSEP
6	[9 11 17]	0.957 7	0.058 4	1	0.043 9
7	[3 7 9]	0.953 2	0.060 1	1	0.046 1
8	[18 19 20]	0.961 1	0.047 3	1	0.039 2
9	[11 15 20]	0.978 2	0.027 6	1	0.019 8
10	[8 13 18]	0.973 5	0.028 8	1	0.021 4
11	[15 19 20]	0.972 6	0.029 3	1	0.022 5

由图 7.42～7.47 和表 7.26 可知,各 pH 的最优回注水含油量定量分析模型的预测精度波动性较小。pH 为 9 时,回注水含油量定量分析模型的预测能力最强,校正集相关系数和均方根误差为 0.978 2 和 0.027 6,预测集相关系数和均方根误差为 1 和 0.019 8。整体分析,pH 为 9 时回注水含油量定量分析模型的预测能力最强;强碱性条件下(pH 为 10 和 11),回注水含油量定量分析模型的预测能力次之,酸性及中性条件下(pH 为 6、7 和 8),回注水含油量定量分析模型的预测能力最差。通过建立各 pH 下的回注水含油量定量分析模型,一方面,可以减小 pH 对回注水含油量定量分析模型的影响;另一方面,增强了回注水含油量定量分析模型对 pH 的适应性。

7.4　本 章 小 结

本章给出了不同温度和 pH 对聚丙烯酰胺溶液的光谱特性影响,为准确测量回注水含油量提供了理论基础。主要考察了最佳回注水含油量定量分析模型对环境影响的适应性。首先,分析了温度和 pH 对回注水紫外波段和红外波段光谱信息和光学常数的影响;其次,拟合了不同温度和 pH 下光谱信息和含油量的关系并建立了补偿校正模型;最后,考察了温度及 pH 对回注水含油量定量分析模型的影响。结果表明:随温度和 pH 的变化,回注水的光谱信息和光学常数的变化波动性较小。不同温度下回注水含油量定量分析建模结果对比分析,确定了温度为 20 ℃时定量分析模型预测集结果最好,其他温度下建模结果次之。不同 pH 条件下回注水含油量定量分析建模结果对比分析,得出 pH 为 9 时回注水含油量定量分析模型的预测误差最低且预测能力最强,偏碱性次之,酸性最差。综合分析,通过建立各温度和 pH 下的回注水含油量定量分析模型可以提高模型对环境的适应性,降低环境影响因素对预测回注水中含油量的干扰。

参 考 文 献

[1] 王坚,张旭,李广贺.油田污染土壤残油组成与特征参数分析[J].环境科学,2012,33(4):1352-1360.

[2] 程俊梅.某石油炼制污水重大污染源分析与控制对策[J].水处理技术,2014,40(12):115-118.

[3] 吕慧,杨海燕,王星明.石油化工污水处理相关问题研究[J].石油化工腐蚀与防护,2015,32(2):30-33.

[4] 孔繁荣,赵堂玉.油品储运过程中油气挥发问题的研究[J].油气储运,2004(8):48-50,59-64.

[5] 熊善高,李洪远,丁晓,等.中国海域船舶溢油事故特征与预防对策[J].海洋环境科学,2013,32(6):875-879.

[6] 周佳,冯夕悦.油田开发环境影响评价及保护对策[J].资源节约与环保,2017(12):73-73,76.

[7] 张恒.石油油田开发对环境的影响[J].化工管理,2017(35):246.

[8] 刘大平,刘成玉.大庆油田石油开采对水文地质环境的影响及应因对策[J].东北师大学报(自然科学版),2012(3):136-141.

[9] 陈鹏,陈忠喜,白春云.大庆油田采出水处理工艺技术现状及其认识[J].油气田地面工程,2018,37(7):19-24.

[10] 图影,徐颖.油田含油污水水处理技术及发展趋势[J].能源与环境,2009(2):97-99.

[11] 马云,黄风林,田小博.炼油厂污水处理回用综述[J].安徽化工,2005(4):44-46.

[12] 刘芳,路宝仲,郑少奎.生物技术处理稠油废水的研究[J].油气田环境保护,2001(2):27-29.

[13] 滕玲.中国近岸海水正在变清 环保部环境监测司司长刘志全解读《2016中国近岸海域环境质量公报》[J].地球,2017(7):36-37.

[14] 曲维政,邓声贵.灾难性的海洋石油污染[J].自然灾难学报,2001,10(1):69-74.

[15] 张瑾,张书香.紫外分光光度法测定聚丙烯酰胺中丙烯酰胺的残留量[J].化学世界,1999,40(12):652-654,655.

[16] 秦菲,陈文,金宗濂.丙烯酰胺毒性研究进展[J].北京联合大学学报(自然科学版),2006,20(3):32-36.

[17] 李贵珍,赖其良,闫培生,等.海洋石油污染及其微生物修复研究进展[J].生物技术进展,2015,5(3):164-169.

[18] NAGELKERKE N J. A note on a general definition of the coefficient of determina-

tion[J]. Biometrika, 1991, 78(3):691-692.

[19] 魏样. 我国石油污染对土壤酶活性的影响研究现状基于 CNKI 数据库文献分析[J]. 农村经济与科技, 2018, 29(9):20-22.

[20] 胡淳, 万真真, 刘海军, 等. 石油污染长期胁迫下的土壤微生物代谢活性特征研究 [J]. 安庆师范大学学报(自然科学版), 2018(2):68-74.

[21] 严志宇, 刘慧, 孙冰, 等. 渤海海域表层沉积物中的多环芳烃综述[J]. 海洋开发与 管理, 2019, 36(10):27-29.

[22] 郭继香, 吴肇亮, 李明远, 等. 界面剪切黏度对原油乳状液稳定性的影响[J]. 精细 化工, 2003, 20(11):660-662

[23] 杨迎花, 程绍玲. 三元复合驱体系/大庆原油间界面张力研究[J]. 天津科技大学学 报, 2004, 19(4):31-33

[24] 丁克强, 孙铁珩, 李培军. 石油污染土壤的生物修复技术[J]. 生态学杂志, 2000, 19(2):50-55.

[25] 邹剑, 曹哲哲, 王秋霞, 等. 海上稠油乳状液稳定性影响因素[J]. 油田化学, 2019, 36(1):121-125.

[26] 杜瑞. 环境污染治理与可持续发展的研究[J]. 黑龙江科学, 2014, 5(1):128.

[27] 郭莲丽, 郭立宏, 李建勋, 等. 可持续发展条件下的环境污染约束分析[J]. 科技管 理研究, 2013, 33(21):200-205.

[28] 庞士平, 郑晓玲, 何鹰, 等. 近红外透射光谱识别模拟海面溢油[J]. 海洋科学进展, 2007(1):91-94.

[29] 吴元清, 杜树新, 严赟. 水体有机污染物浓度检测中的紫外透射光谱分析方法[J]. 光 谱学与光谱分析, 2011, 31(1):233-237.

[30] 尚丽平, 邓琥, 李占锋, 等. 石油类行业含油污水同步光谱特性解析[J]. 大气与环境 光学学报, 2012, 7(6):427-431.

[31] 李杰, 李晓龙, 唐秋华, 等. 基于 PCA 的时间分辨油荧光光谱分析及优化[J]. 光学精 密工程, 2017, 25(4):352-358.

[32] 黄妙芬, 刘杨, 邢旭峰, 等. 大连港海域油含量时空变化特征分析[J]. 大连海洋大 学学报, 2019(61):1-11.

[33] 吴国忠, 杨露, 张晓雪, 等. 阴离子对聚丙烯酰胺溶液光谱特性影响[J]. 精细石油化 工, 2017, 34(1):51-54.

[34] 齐晗兵, 张晓雪, 李栋, 等. 含聚污水中阳离子对其光谱特性影响实验研究[J]. 实验 技术与管理, 2016, 33(11):45-48.

[35] 李舒婷. 含聚污水光谱特征及其浓度光学测量研究[D]. 大庆:东北石油大学, 2016.

[36] 王莹. 聚合物在油田污水中降粘降解机理研究[D]. 大庆:东北石油大学, 2011.

[37] 王顺利, 尚丽平, 李占锋, 等. 多元散射校正在荧光谱分析中的应用研究[J]. 光散 射学报, 2013, 25(2):187-191.

[38] ZELSMANN H R. Temperature dependence of the optical constants for liquid

H$_2$O and D$_2$O in the far IR region [J]. Journal of Molecular Structure,1995,350: 95-114.

[39] 易黎丽,尚丽平,李占锋,等. 温度、pH 值对含油污水荧光特性的影响[J]. 光谱学与光谱分析,2011,31(6):1571-1573.

[40] ZHAO J M, LIU L H, TAN J Y. Optical properties of edible oils within spectral range from 300 to 2 500 nm determined by double optical pathlength transmission method [J]. Applied Optics, 2015, 54(13):3886-3893.

[41] 艾青,刘梦,孙凤贤,等. 基于透射法分析温度对碳氢燃料辐射特性的影响[C]. 北京:中国工程热物理学会,2016.

[42] 刘芳. 红外场对双原子分子振动布居影响的李代数方法研究[D]. 济南:山东师范大学,2011.

[43] DAHLBACKA J, NYSTROM J, MOSSING T, et al. On-line measurement of the chemical oxygen demand in wastewater in a pulp and paper mill using near infrared spectroscopy[J]. Spectral Analysis Reviews, 2014,2(4): 19-25.

[44] 伍鲦,田士玉,张二杨. 污泥厌氧发酵过程中基于近红外透射光谱的 COD 定量分析[J]. 安徽建筑大学学报,2016,24(3):54-58.

[45] 刘飞,董大明,赵贤德,等. 水体 COD 的光谱学在线测量方法:紫外和近红外透射光谱比较分析[J]. 光谱学与光谱分析,2017,37(9):2724-2729.

[46] ELISABETH F O, ELLING-OLAV R, AUDUN F. Quantitative determination of saturated, monounsaturated and polyunsaturated fatty acids in pork adipose tissue with non-destructive Raman spectroscopy[J]. Meat Science, 2007, 76(4):628-634.

[47] SSHULZ K F, CHALMERS I, HAYES R J. Empirical evidence of bias:dimensions of methodological quality associated with estimates of treatment effects in controlled Trials[J]. JAMA the Journal of the American Medical Association, 1995, 273(5):408-412.

[48] 赵南京,刘文清,刘建国. 不同水体中溶解有机物的荧光光谱特性研究[J]. 光谱学与光谱分析,2005,25(7):1077-1079.

[49] 李宏斌,刘文清,张玉钧. 水体中溶解有机物的三维荧光光谱特征分析[J]. 大气与环境光学学报,2006,1(3):216-219.

[50] 陈东,刘文清,张玉钧. 污染水体溶解有机物诱导荧光淬灭特性的实验研究[J]. 光谱学与光谱分析,2006,26(12):2283-2286.

[51] TUNTOMO A, TIEN C L, PARK S H. Optical constants of liquid hydrocarbon fuels [J]. Combustion Science and Technology, 1992, 84(1):133-140.

[52] OTANICAR T P, PHELAN P E, JAY S G. Optical properties of liquids for direct absorption solar thermal energy systems [J]. Solar Energy, 2009, 83(7):969-977.

[53] BERTIE J E, ZHANG S L, MANJI R. Infrared intensities of liquids x:accuracy

of current methods of obtaining optical constants from multiple attenuated total reflection measurements using the CIRCLE cell [J]. Applied Spectroscopy, 1992, 46(11): 1660-1665.

[54] WEBBER M E, MIHALCEA R M, BAER D S, et al. Diode-laser absorption measurements of hydrazine and monomethyl hydrazine [J]. Journal of Quantitative Spectroscopy and Radiative Transfer, 1999, 62(4): 511-522.

[55] 吴仕梁. 透明光电材料的椭偏研究[D]. 济南:山东大学, 2012.

[56] EL-ZAIAT S Y, EL-DEN M B, EL-KAMEESY S U, et al. Spectral dispersion of linear optical properties for Sm_2O_3 doped B_2O_3-PbO-Al_2O_3 glasses [J]. Optics & Laser Technology, 2012, 44(5): 1270-1276.

[57] KEEFE C D, PERSON J K. New technique for determining the optical constants of liquids [J]. Applied Spectroscopy, 2002, 56(7): 928-934.

[58] KHASHAN M A, EL-NAGGAR A M. A new method of finding the optical constants of a solid from the reflectance and transmittance spectrograms of its slab [J]. Optics Communications, 2000, 174(5-6): 445 – 453.

[59] YUSOHA R, HORPRATHUM M, EIAMCHAI P, et al. Determination of the thickness and optical constants of ZrO_2 by spectroscopic ellipsometry and spectrophotometric method [J]. Procedia Engineering, 2011, 8: 223-227.

[60] 李栋. 液态碳氢燃料红外透射光谱性质的透射法实验研究[D]. 哈尔滨:哈尔滨工业大学,2013.

[61] JAIN S R, WALKER S. Far-infrared absorption of some organic liquids [J]. The Journal of Physical Chemistry, 1976, 16(5): 535-542.

[62] 齐宏. 弥散颗粒辐射反问题的理论与实验研究[D]. 哈尔滨:哈尔滨工业大学, 2008.

[63] 刘晓东. 高温微粒红外辐射特性测量技术研究[D]. 哈尔滨:哈尔滨工业大学, 2008.

[64] BERTIE J E, EYSEL H H. Infrared intensities of liquids I: determination of infrared optical and dielectric constants by FT-IR using the CIRLE ATR cell [J]. Applied Spectroscopy, 1985, 39(3): 392-401.

[65] BERTIE J E, AHMED M K, BALUJA S. Infrared intensities of liquids. 5. optical and dielectric constants, integrated intensities, and dipole moment derivatives of H_2O and D_2O at 22 ℃ [J]. The Journal of Physical Chemistry, 1989, 93: 2210-2218.

[66] GOPLEN T G, CAMERON D G, JONES R N. Absolute absorption intensity and dispersion measurements on some organic liquids in the infrared [J]. Applied Spectroscopy, 1980, 34(6): 657-691.

[67] BERTIE J E, ZHANG S L, KEEFE C D. Measurement and use of absolute infrared absorption intensities of neat liquids [J]. Vibrational Spectroscopy, 1995, 8:

215-229.

[68] BERTIE J E, APELBLAT Y, KEEFE C D. Infrared intensities of liquids. part XXⅢ. Infrared optical constants and integrated intensities of liquid benzene-d_1 at 25 ℃ [J]. Journal of Molecular Structure, 2000, 550-551:135-165.

[69] KEEFE C D. Computer programs for the determination of optical constants from transmission spectra and the study of absolute absorption intensities [J]. Journal of Molecular Structure, 2002, 641:165-173.

[70] KEEFE C D, PEARSON J K, MACDONALD A. Optical constants and vibrational assig nment of liquid toluene-d_8 between 4 000 and 450 cm^{-1} at 25 ℃[J]. Journal of Molecular Structure, 2003, 655:69-80.

[71] KEEFE C D, BRAND E. Optical constants and vibrational analysis of ethylbenzene between 4 000 and 450 cm^{-1} at 25 ℃ [J]. Journal of Molecular Structure, 2004, 691:181-189.

[72] KEEFE C D, MACDONALD J L. Optical constant, molar absorption coefficient, and imaginary molar polarizability spectra of liquid hexane at 25 ℃ extended to 100 cm^{-1} and vibrational assig nment and absolute integrated intensities between 4 000 and 100 cm^{-1}[J]. Vibrational Spectroscopy, 2007, 44:121-132.

[73] KEEFE C D, GILLIS E A L. Temperature dependence of the optical properties of liquid benzene in the infrared between 25 and 50 ℃[J]. Spectrochimica Acta Part A, 2008, 70:500-509.

[74] KEEFE C D, PICKUP J E. Infrared optical constants, dielectric constants, molar polarizabilities, transition moments, dipole moment derivatives and Raman spectrum of liquid cyclohexane [J]. Spectrochimica Acta Part A: Molecular and Biomolecular Spectroscopy, 2009, 72:947-953.

[75] KEEFE C D, JASPERS-FAYER S. Infrared optical properties and Raman spectra of n-pentane and n-pentane-d_{12}[J]. Vibrational Spectroscopy, 2011, 57:72-80.

[76] KEEFE C D, WILCOX T, CAMPBELL E. Measurement and applications of absolute infrared intensities[J]. Journal of Molecular Structure, 2012, 1009:111-122.

[77] KAMEYA Y, HANAMURA K. Enhancement of solar radiation absorption using nanoparticle suspension [J]. Solar Energy, 2011, 85(2):299-307.

[78] LI D, QI H B, WU G Z. Determined optical constants of liquid hydrocarbon fuel by a novel transmittance method [J]. Optik, 2015, 126(7-8):834-837.

[79] 李栋, 艾青, 夏新林. 液态碳氢燃料热辐射物性参数反演方法[J]. 航空动力学报, 2012, 27(8):1712-1717.

[80] LI D, WU Y Y, ZHANG X X, et al. Comparison of three methods for determining optical constants of liquid materials [J]. Optik, 2017, 130:864-871.

[81] 吴国忠, 曹富达, 齐晗兵, 等. 载玻片光学常数的透射法分析[J]. 光学技术, 2015,

41(5):416-418,424.

[82] QI H B, ZHANG X X, JIANG M H, et al. A method to determine optical proper-ties of kerosene using transmission spectrum [J]. Optik, 2016, 127:8899-8906.

[83] QI H B, ZHANG X X, JIANG M H, et al. Optical properties of zinc selenide slabs at 373 and 423 K in the wavelength 2~15 μm [J]. Optik, 2016, 127:5576-5584.

[84] LIU L H, ZHAO J M, TAN J Y. Optical properties of sodium chloride solution within the spectral range from 300 to 2 500 nm at room temperature [J]. Applied Spectroscopy, 2015, 69(5):635-640.

[85] WANG J, WANG W X. Understanding the micro-elemental nutrition in the larval stage of marine fish: a multi-elemental stoichiometry approach [J]. Aquaculture, 2018, 488: 189-198.

[86] HARTIGA M A J, JACOBSENB N, PEUKERTA W. Multi-component and multi-phase population balance model: the case of Georgeite formation as methanol catalyst precursor phase [J]. Chemical Engineering Science, 2014, 109:158-170.

[87] 张梅. 光谱分析法鉴定出入境证件紫外荧光油墨成分的研究[J]. 武警学院学报, 2018, 34(11):15-20.

[88] 郭旭明, 韩建国. 仪器分析[M]. 北京:化学工业出版社,2014.

[89] 沈宇, 王风云, 郑纪业, 等. 光谱分析技术在水果品质与安全检测中的应用[J]. 中国农业信息, 2018, 30(3):105-112.

[90] 常鹏, 胡军, 贺石中, 等. 基于光谱分析技术的风机齿轮箱系统维护策略研究[J]. 润滑与密封, 2019, 44(1):115-118.

[91] 李鑫星, 朱晨光, 周婧, 等. 光谱技术在水产养殖水质监测中的应用进展及趋势 [J]. 农业工程学报, 2018, 34(19):184-194.

[92] 徐广通, 袁洪福, 陆婉珍. 现代近红外透射光谱技术及应用进展[J]. 光谱学与光谱分析, 2000, 20(2):134-142.

[93] 魏鹿鹿. 近红外透射光谱分析在药品检测中的应用[J]. 化工设计通讯, 2018, 44 (10):195.

[94] 谢锦春, 袁洪福, 宋春风, 等. 基于近红外透射光谱与 SIMCA 快速识别乙烯醋酸乙烯酯共聚物树脂牌号的定性方法[J]. 现代化工, 2018, 38(9):229-232,234.

[95] 褚小立, 陈瀑, 许育鹏, 等. 化学计量学方法在石油分析中的研究与应用进展[J]. 石油学报(石油加工), 2017, 33(6):1029-1038.

[96] 严衍禄, 赵龙莲, 韩东海, 等. 近红外透射光谱分析基础与应用[M]. 北京:中国轻工业出版社, 2005.

[97] 袁洪福, 褚小立, 陆婉珍, 等. 在线近红外透射光谱成套分析技术及其在石油化工中的应用[J]. 石油化工, 2005, 34(21): 51-54.

[98] 姜黎, 张军, 陈哲, 等.基于不同波段对成品汽油的模式识别分析[J]. 光谱实验室, 2010, 27(3):1209-1212.

[99] KIM M，LEE Y，HAN C. Real-time classification of petroleum products using near-infrared spectra[J]. Comp Chem Eng，2000，24(2)：513-517.

[100] YUAN J J，WANG C Z，CHEN H X，et al. Identification and detection of adulterated camellia oleifera abel oils by near infrared transmittance spectroscopy[J]. International Journal of Food Properties，2016，19(2)：300-313.

[101] 王丽，何鹰，王颜萍，等. 近红外透射光谱技术结合主成分聚类分析判别海面溢油种类[J]. 海洋环境科学，2004(2)：58-60.

[102] 蒋璐璐，张瑜，王艳艳，等. 基于光谱技术的土壤养分快速测试方法研究[J]. 浙江大学学报(农业与生命科学版)，2010，36(4)：445-450.

[103] 李春绣. 中红外透射光谱技术在油品分析中的应用研究[J]. 当代化工研究，2018(2)：80-81.

[104] 李雁如. 中红外透射光谱法测定甲醇汽油中甲醇含量[J]. 山西化工，2014，34(4)：38-39.

[105] 徐继刚，雷猛，王雷. 中红外透射光谱法快速测定汽油辛烷值[J]. 中国储运，2011(12)：113-114.

[106] DUPUY N，DUPONCHE. Classification of edible fats and oils by PCA of FTIR[J]. Food Chemistry，1996，57(2)：245-251.

[107] 周延，曹晖，巨林仓. RMSECV 曲线筛选光谱波段算法[J]. 光谱学与光谱分析，2011(2)：206-209.

[108] 季明，赵彦，曾展强，等. 基于中红外透射光谱的汽油组成快速分析方法[J]. 广东化工，2018，45(2)：59-60，13.

[109] 段小娟，蔡发，黄杰，等. 基于中红外透射光谱技术的新润滑油与废润滑油鉴别研究[J]. 润滑油，2018，33(5)：55-57，64.

[110] 展惠英. 紫外分光光度法测定废水中油的含量[J]. 甘肃联合大学学报，2007，21(1)：65-67.

[111] 王东海，曹维峰. 紫外分光光度法测定地下水系统中油类的标准油选定[J]. 中国环境监测，1999，15(6)：12-14.

[112] 庞艳华，丁永生，公维民. 紫外分光光度法测定水中油含量[J]. 大连海事大学学报，2002，28(4)：68-71.

[113] COZZOLION D，KWIATKOWSKI M J，DAMBERGS R G，et al. Analysis of elements in wine using near infrared spectroscopy and partial least squares regression[J]. Talanta，2008，74：711-716.

[114] ZHAO N，WU Z S，ZHANG Q，et al. Optimization of parameter selection for partial least squares model development[J]. Sci Rep，2015，5：11647-11656.

[115] DEBUS B，KIRSANV D O，PANCHUK V V，et al. Three-point multivariate calibration models by correlation constrained，MCR-ALS：a feasibility study for quantitative analysis of complex mixtures[J]. Talanta，2017，163：39-47.

[116] COZZOLION D，KWIATKOWSKI M J，DAMBERGS R G，et al. Analysis of

elements in wine using near infrared spectroscopy and partial least squares regression [J]. Talanta, 2008, 74:711-716.

[117] GU D C, ZOU M J, GUO X X, et al. A rapid analytical and quantitative evaluation of formaldehyde in squid based on Tri-step IR and partial least squares (PLS) [J]. Food Chemistry, 2017, 229:458-463.

[118] NORGAARD L, SAUDLAND S, WAGNER J, et al. Interval partial least-squares regression (iPLS): a comparative chemometric study with an example from near-infrared spectroscopy [J]. Applied Spectroscopy, 2000, 54:413-419.

[119] NATALIA S, ELEUTERIO A, BORTOLATO S A, et al. Visible/near infrared-partial least-squares analysis of Brix in sugar cane juice: a test field for variable selection methods [J]. Chemometrics and Intelligent Laboratory Systems, 2010, 102:100-109.

[120] RAHMAN A, KONDO N, OGAWA Y, et al. Determination of K value for fish flesh with ultravioletevisible spectroscopy and interval partial least squares (iPLS) regression method [J]. Science Direct, 2016, 141:12-18.

[121] SUHANDY D D, YULIA M, QGAWA Y, et al. Prediction of L-ascorbic acid using FTIR-ATR terahertz spectroscopy combined with interval partial least squares (iPLS) regression [J]. Engineering in Agriculture, Environment and Food, 2013, 6:111-117.

[122] 李志良, 曾鸽鸣, 夏之宁, 等. 遗传算法用于紫外透射光谱进行维生素多组分同时分析[J]. 分析仪器, 1998(2):46-49.

[123] 刘慧, 胡仰栋, 孙小云. 连续波长紫外分光光度法对合成食用色素混合体系的同时定量测定[J]. 食品工业科技, 2006(9):164-166.

[124] 杨鹏程, 杜军兰, 程长阔. 间隔偏最小二乘－紫外透射光谱法海水硝酸盐最佳建模波长区间选取[J]. 海洋环境科学, 2016, 35(6):943-947.

[125] 张钰, 李杰庆, 李涛, 等. 光谱数据融合对绒柄牛肝菌产地溯源研究[J]. 光谱学与光谱分析, 2018, 38(8):2529-2535.

[126] MARTELO-VIDAL M J, VAZQUEZ M. Application of artificial neural networks coupled to UV-VIS-NIR spectroscopy for the rapid quantification of wine compounds in aqueous mixtures[J]. Cy TA-Journal of Food, 2015, 13(1):32-39.

[127] HUR J, CHO J W. Prediction of BOD, COD and total nitrogen concentrations in a typical urban river using a fluorescence excitation-emission matrix with PARAFAC and UV absorption indices[J]. Sensors, 2012, 12(1):972-986.

[128] QIN X S, GAO F R, CHEN G H. Wastewater quality monitoring system using sensor fusion and machine learning techniques[J]. Water Research, 2012, 46(4):1133-1144.

[129] 曹泓. 基于多源光谱数据融合的水产养殖水质有机物浓度快速检测研究[D]. 杭

州:浙江大学,2014.

[130] 吴国庆,毕卫红. 多源光谱特征组合的 COD 光学检测方法研究[J]. 光谱学与光谱分析,2014,34(11): 3071-3074.

[131] CHEN B S, WU H N, LI S, et al. Development of variable pathlength UV-vis spectroscopy combined with partial-least-squares regression for wastewater chemical oxygen demand (COD) monitoring[J]. Talanta,2014,120:325-330.

[132] CASALE M, CASOLINO C, OLIVERI P, et al. The potential of coupling information using three analytical techniques for identifying the geographical origin of Liguria extravirgin olive oil[J]. Food Chemistry,2010,118(1): 163-170.

[133] WU D, HE Y, NIE P C, et al. Hybrid variable selection in visible and near-infrared spectral analysis for non-invasive quality determination of grape juice[J]. Analytica Chimica Acta,2010,659(1): 229-237.

[134] ANIBAL C V, CALLAO M, RUISANCHEZ I. MR and UV-visible data fusion for determining Sudan dyes in culinary spices[J]. Talanta,2011,84(3): 829-833.

[135] 冯新泸,史永刚. 近红外透射光谱及其在石油产品分析中的应用[M]. 北京:中国石化出版社,2002.

[136] 严衍禄. 近红外透射光谱分析基础与应用[M]. 北京:中国轻工业出版社,2005.

[137] PALIK E D. Handbook of optical constants of solids [M]. Pittsburgh:Academic Press,1998.

[138] 杨露. 含油污水光谱特性及其含油量测量研究[D]. 大庆:东北石油大学,2018.

[139] 张晓雪. 聚丙烯酰胺溶液非常温光谱特性及其含量光学表征研究[D]. 大庆:东北石油大学,2017.

[140] 胡鑫浩. 液态多组分油类混合物光学特性及其含量表征分析[D]. 大庆:东北石油大学,2019.

[141] AKBAR S. Comparison of various mixing rules for refractive index and data analysis for some liquid mixtures[J]. International Journal of Scientific Research,2016,5:87-88.

[142] AKBAR S. Analytical study for mixing rules for refractive index and data analysis for some binary liquid mixture[J]. International Journal of advance research and innovative ideas in education,2017,3:3326-3332.

[143] KRISTIN T, ULF G I, ARNE B G, et al. Hierarchical cluster-based partial least squares regression (HC-PLSR) is an efficient tool for metamodelling of nonlinear dynamic models[J]. Bmc Systems Biology,2011,5(1):90.

[144] ASMUND B, FRANK W, HARALD M. Analysis of genetic marker-phenotype relationships by jack-knifed partial least squares regression (PLSR) [J]. Hereditas,2004,141(2):149-165.

[145] LEONE A P, AMENTA P, CALABRO G, et al. The disjointed influence of soil

and climate on grape productivity and quality. an assessment by OMCIA-PLSR statistics on a case study in southern Italy[J]. Agrochimica -Pisa, 2010, 54(5): 257-278.

[146] 郝勇, 陈斌, 朱锐. 近红外透射光谱预处理中几种小波消噪方法的分析[J]. 光谱学与光谱分析, 2006, 26(10):1838-1841.

[147] 郭小云, 刘志辉, 徐倩. 基于多种光谱预处理的融雪期积雪深度定量模型研究[J]. 中国农村水利水电, 2016(5):105-108.

[148] 武中臣, 徐晓轩, 张静. 互相关分析在近红外透射光谱预处理中的应用[J]. 光谱实验室, 2005, 22(1):126-129.

[149] MADDEN, HANNIBAL H. Comments on the savitzky-golay convolution method for least-squares-fit smoothing and differentiation of digital data[J]. Analytical Chemistry, 1978,50(9):1383-1386.

[150] BARNES R, DHANOA M, LISTER S. Letter: correction to the description of standard normal variate (SNV) and de-trend (DT) ransformations in practical spectroscopy with applications in food and everage analysis-2nd edition[J]. Journal of Near Infrared Spectroscopy, 1993, 1(1):185.

[151] BUERA L, LLEIDA E, MOGUEL A, et al. Cepstral vector normalization based on stereo data for robust speech recognition[J]. IEEE Transactions on Audio Speech & Language Processing, 2007, 15(3):1098-1113.

[152] GEORGANOS S, LENNERT M, GRIPPA T, et al. Normalization in unsupervised segmentation parameter optimization: a solution based on local regression trend analysis[J]. Remote Sensing, 2018, 10(2):222.

[153] CALIFANO, MARCO, ZUNGER, et al. Direct carrier multiplication due to inverse auger scattering in CdSe quantum dots[J]. Applied Physics Letters, 2004, 84(13):2409.

[154] 马晓国, 梁奕昌, 成晓玲. 比光谱导数分光光度法同时测定微量磷和砷[J]. 分析测试技术与仪器, 1998(3):41-45.

[155] 石吉勇, 邹小波, 赵杰文. 一种近红外透射光谱特征子区间选择新算法[J]. 光谱学与光谱分析, 2010, 30(12):31-32.

[156] 邹小波, 黄晓玮, 石吉勇. 银杏叶总黄酮含量近红外透射光谱检测的特征谱区筛选[J]. 农业机械学报, 2012, 43(9):161-165.

[157] 郭志明, 赵杰文, 陈全胜. 特征谱区筛选在近红外透射光谱检测茶叶游离氨基酸含量中的应用[J]. 光学精密工程, 2009(8):63-68.

[158] 谷雨, 徐英, 郭宝峰. 融合空谱特征和集成超限学习机的高光谱图像分类[J]. 测绘学报, 2018(9):1238-1249.

[164] 易克传, 曾其良, 张新伟. 基于 SiPLS 算法的近红外透射光谱检测梨可溶性固形物含量[J]. 光谱实验室, 2013(1):76-80.

[165] MARCO F F, MARIELA S V, RUNEN E P. Simultaneous determination of

quality parameters of biodiesel/diesel blends using HATR-FTIR spectra and PLS, iPLS or siPLS regressions[J]. Fuel, 2011, 90(2):701-706.

[166] CHEN J M, AI T, PAN T. AO-MW-PLS method applied to rapid quantification of teicoplanin with near-infrared spectroscopy[J]. Journal of Innovative Optical Health Sciences, 2016, 10(1):330.

[167] MA Y H, WANG Q, LI L Y. PLS model investigation of thiabendazole based on THz spectrum[J]. Journal of Quantitative Spectroscopy & Radiative Transfer, 2013, 117(3):7-14.

[168] PEDRO S S, ANDREIA S, ANA C. Optimization of rice amylose determination by NIR-spectroscopy using PLS chemometrics algorithms[J]. Food Chemistry, 2018,242(MAR. 1):196-204.

[169] 吴迪, 汪志平, 何勇. iPLS-SPA 变量选择方法在螺旋藻粉无损检测中的应用[J]. 农业工程学报, 2009, 25(13):330-334.

[170] LI Y X, ZOU X B, DONG Y. Near infrared determination of sugar content in apples based on GA-iPLS[J]. Spectroscopy & Spectral Analysis, 2007, 27(10): 2001-2004.

[171] NORGAARD L, SAUDLAND A, WAGNER J. Interval partial least-squares regression (iPLS): a comparative chemometric study with an example from near-infrared spectroscopy[J]. Applied Spectroscopy, 2000, 54(3):413-419.

[172] FERRAO M F, VIERA M D S, PAZOS R E P, et al. Simultaneous determination of quality parameters of biodiesel/diesel blends using HATR-FTIR spectra and PLS, iPLS or siPLS regressions[J]. Fuel, 2011, 90(2):701-706.

[173] WELSH J, MCCLELLAND M. Fingerprinting genomes using PCR with arbitrary primers[J]. Nucleic Acids Research, 1990(24):24.

[174] SVANTE W, MICHAEL S, LENNART E. PLS-regression: a basic tool of chemometrics[J]. Chemometrics& Intelligent Laboratory Systems, 2001, 58(2): 109-130.

[175] 李卫, 杨煜普, 王娜. 基于核模糊聚类的多模型 LSSVM 回归建模[J]. 控制与决策, 2008(5):82-84,88.

[176] 周昆鹏, 白旭芳, 毕卫红. 基于紫外-荧光多光谱融合的水质化学需氧量检测[J]. 激光与光电子学进展, 2018,55(11):477-486.

[177] 吴玉红, 田霄鸿, 同延安. 基于主成分分析的土壤肥力综合指数评价[J]. 生态学杂志, 2010, 29(1):173-180.

[178] 周昆鹏. 基于多光谱信息融合的水质 COD 检测模型与实验研究[D]. 秦皇岛:燕山大学, 2017.

[179] 孙斌, 姚海涛. 基于 PSO 优化 LSSVM 的短期风速预测[J]. 电力系统保护与控制, 2012(5):91-95.

[180] LAWRENCE I L. A concordance correlation coefficient to evaluate reproducibility[J]. Biometrics, 1989, 45(1):255-268.

名 词 索 引

附录 部分彩图

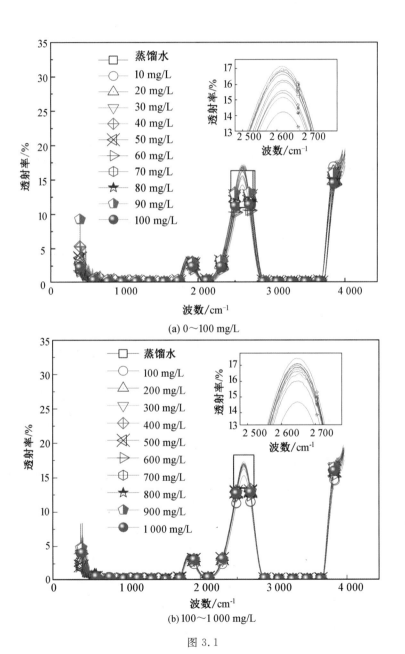

(a) 0~100 mg/L

(b) 100~1 000 mg/L

图 3.1

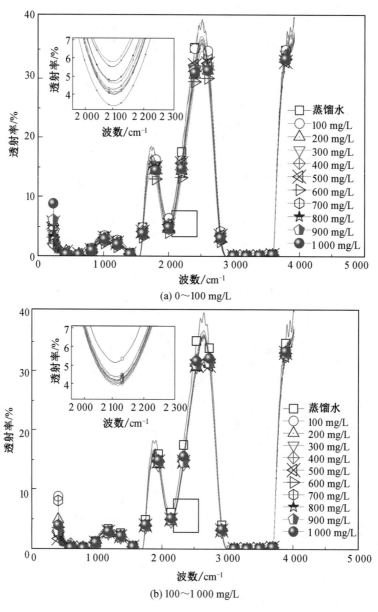

(a) 0～100 mg/L

(b) 100～1 000 mg/L

图 3.2

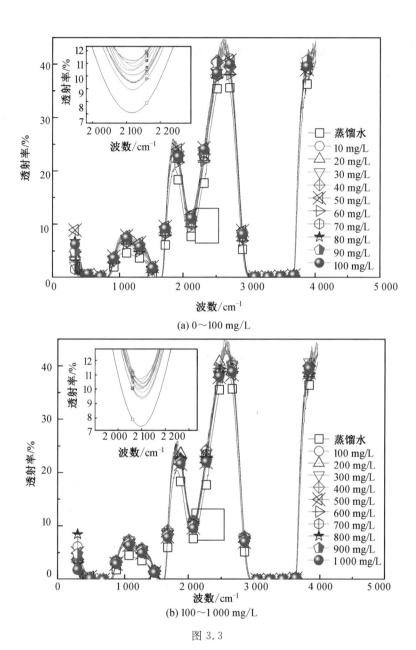

(a) 0~100 mg/L

(b) 100~1 000 mg/L

图 3.3

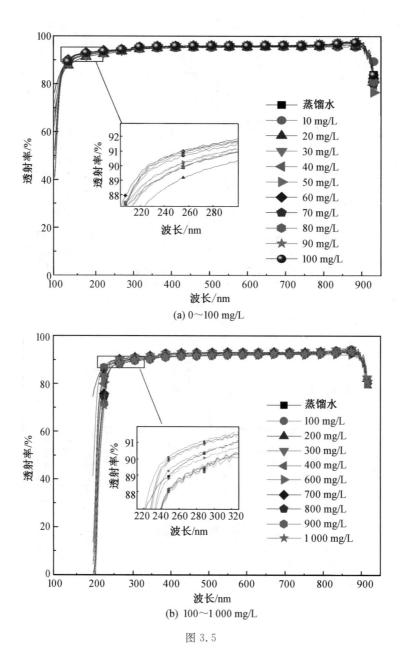

(a) 0～100 mg/L

(b) 100～1 000 mg/L

图 3.5

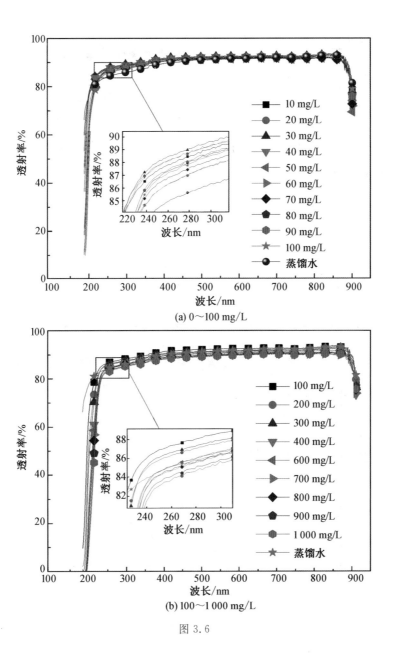

(a) 0～100 mg/L

(b) 100～1 000 mg/L

图 3.6

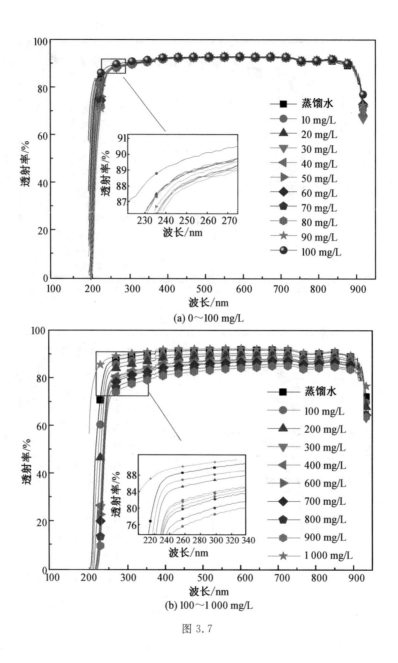

(a) 0～100 mg/L

(b) 100～1 000 mg/L

图 3.7

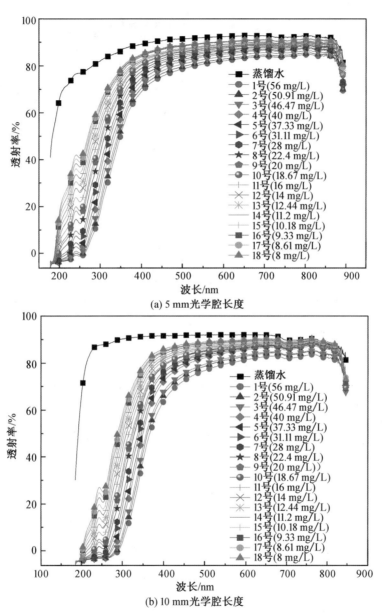

(a) 5 mm光学腔长度

(b) 10 mm光学腔长度

图 3.14

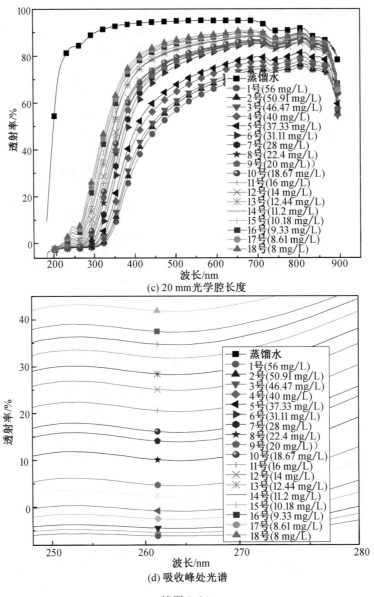

(c) 20 mm光学腔长度

(d) 吸收峰处光谱

续图 3.14

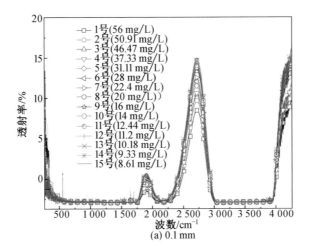

(a) 0.1 mm

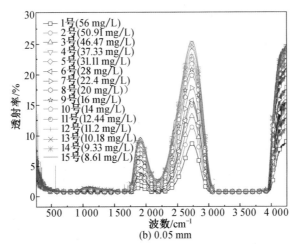

(b) 0.05 mm

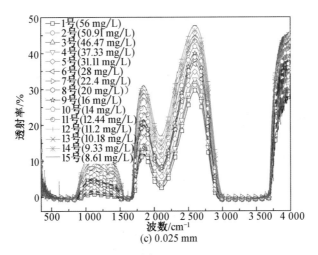

(c) 0.025 mm

图 3.15

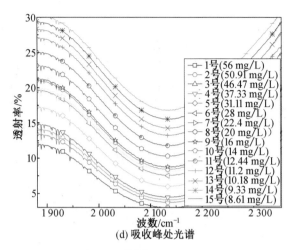

(d) 吸收峰处光谱

续图 3.15

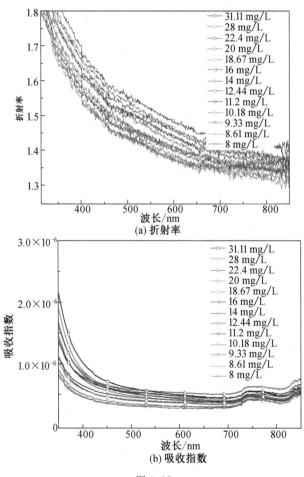

图 3.17

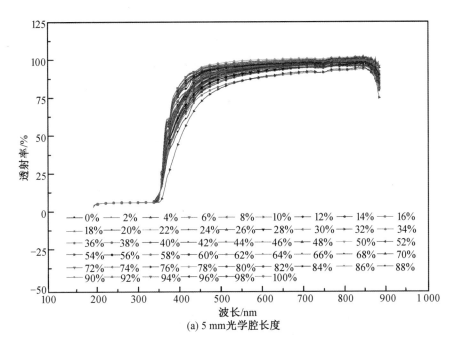

(a) 5 mm光学腔长度

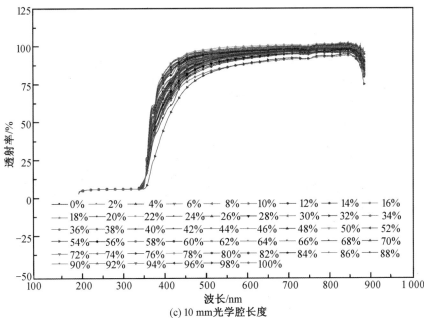

(c) 10 mm光学腔长度

图 5.1

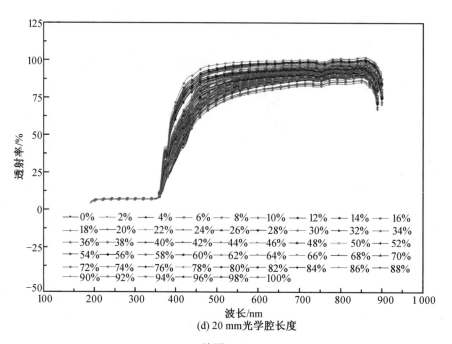

(d) 20 mm光学腔长度

续图 5.1

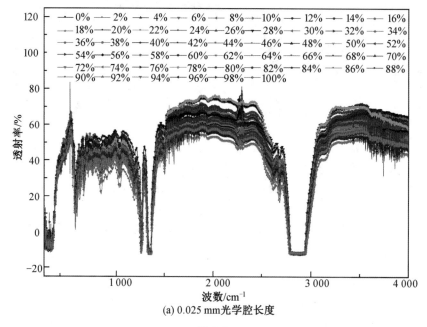

(a) 0.025 mm光学腔长度

图 5.2

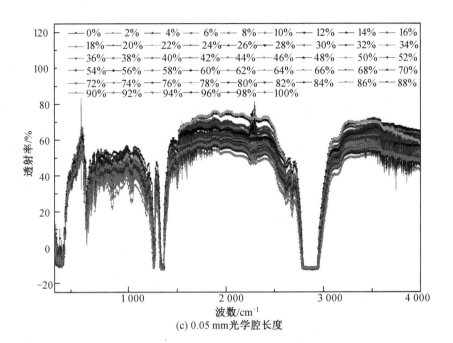

(c) 0.05 mm光学腔长度

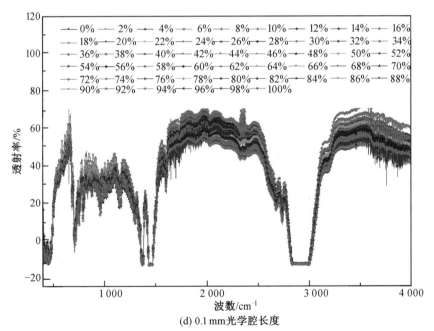

(d) 0.1 mm光学腔长度

续图 5.2

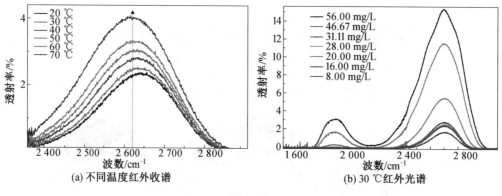

(a) 不同温度红外收谱   (b) 30 ℃红外光谱

图 7.13

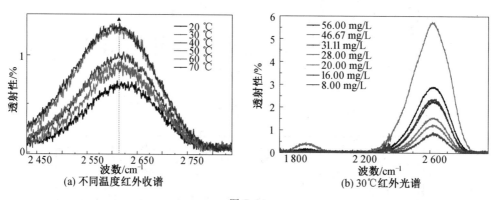

(a) 不同温度红外收谱   (b) 30℃红外光谱

图 7.14

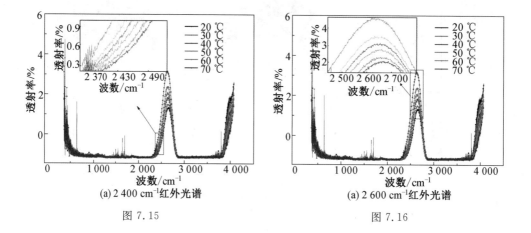

(a) 2 400 cm⁻¹红外光谱   (a) 2 600 cm⁻¹红外光谱

图 7.15   图 7.16

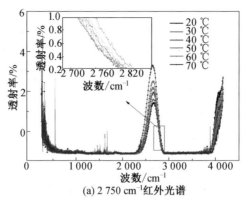

(a) 2 750 cm⁻¹红外光谱

图 7.17

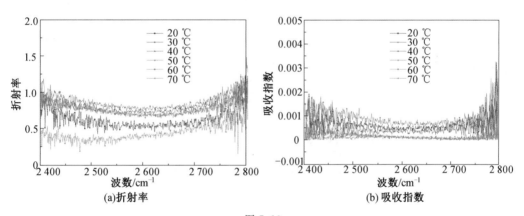

(a)折射率　　　　　　　　　　　　　　(b) 吸收指数

图 7.19

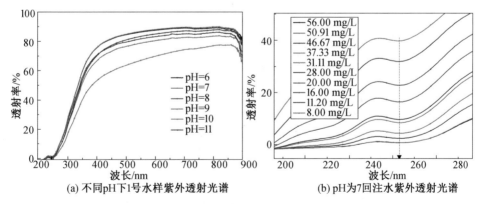

(a) 不同pH下1号水样紫外透射光谱　　　　(b) pH为7回注水紫外透射光谱

图 7.21

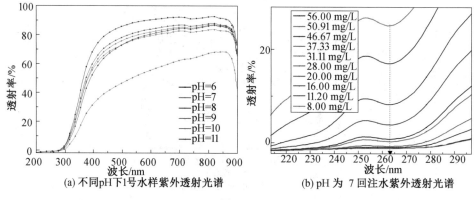

(a) 不同pH下1号水样紫外透射光谱　　　　(b) pH 为 7 回注水紫外透射光谱

图 7.22

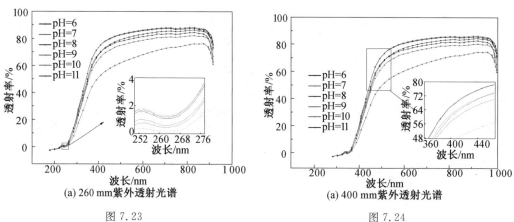

(a) 260 mm紫外透射光谱　　　　　　　　(a) 400 mm紫外透射光谱

图 7.23　　　　　　　　　　　　　　图 7.24

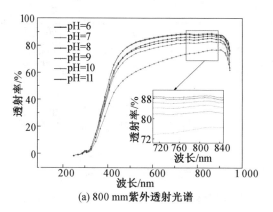

(a) 800 mm紫外透射光谱

图 7.25